当代科普名著系列

A Naturalist at Large

The Best Essays of Bernd Heinrich

博物学家眼中的世界
海因里希自然观察笔记

[美] 贝恩德·海因里希　著

刘　畅　译

上海科技教育出版社

Philosopher's Stone Series

哲人石丛书

立足当代科学前沿

彰显当代科技名家

绍介当代科学思潮

激扬科技创新精神

策 划

哲人石科学人文出版中心

对本书的评价

◇

世界上关于渡鸦和其他鸟类、昆虫、树木、大象等最优秀的一些文章,首次集结成册——展示出贝恩德·海因里希深受读者喜爱之原因,缘自他那"热情的观察,它们极好地融合了传记和科学"。

——《纽约时报书评》(*New York Times Book Review*)

◇

他完全应当与亨利·梭罗相提并论。

——《华盛顿邮报》(*Washington Post*)

◇

海因里希的新书令人印象深刻,他将自然历史中最好的一面呈现给了读者。

——休·利夫(Sue Leaf),
《明星报论坛》(*StarTribune*)

内容提要

　　这本引人入胜的自然观察笔记，出自我们这个时代最杰出的科学家兼作家之一贝恩德·海因里希笔下。在长达几十年的时间里，他以博物学家的眼光记录了一种密切观察自然世界的生活，这种生活产生了奇妙的、改变心智的顿悟和发现。

　　海因里希常年居住在缅因州的森林里，于他而言，森林中的一撮土、一棵树、一片叶子都是生活中具有无穷兴会的一部分。他在那里有许多发现，比如北美红松鼠有收获槭树树液的习惯，黄旗鸢尾"瞬间"开花是一种保证有效授粉的手段。他还在那里尽地主之谊，招待来自欧洲的粗野粉蝇和来自亚洲的瓢虫。渡鸦更是海因里希的最爱，他称一些渡鸦是他"多年的挚友"，并为它们设计了一项独特的实验，来研究哪些有趣的因素会影响渡鸦的智力。

　　这些有关土地、昆虫、鸟类、哺乳动物等主题的随笔以轻松流畅、含意隽永的文字描绘了不同生命之间的相互联结以及这种联结和我们人类之间的关系，激发人们感受自然的渴望，不再对四周的诗意茫然无知。

作者简介

贝恩德·海因里希(Bernd Heinrich),美国加利福尼亚大学洛杉矶分校动物学博士,佛蒙特大学生物系荣誉退休教授,对昆虫生理和行为以及鸟类行为的研究作出了重大贡献。他也是优秀的科普作家,任《科学美国人》(*Scientific American*)、《纽约时报》(*New York Times*)和《洛杉矶时报》(*Los Angeles Times*)等多家媒体的撰稿人,撰写过许多关于自然、生物学、生态学和进化的书籍。代表作有《夏日的世界》(*Summer World*)、《冬日的世界》(*Winter World*)、《渡鸦的智慧》(*Mind of the Raven*)、《我们为什么奔跑》(*Why We Run*)以及《生命的涅槃》(*Life Everlasting*)等。

谨以此书献给库克（James R. Cook）教授，
他是我在缅因大学的学业导师、研究伙伴和亲爱
的朋友，他激励并引导我走上了科学之路

目　录

目 录

前　言

　　博物学家的观察引发问题,其答案引导人们在多个维度上对生命有所理解。在这本博物学随笔文集中,我希望能够为广大读者提供一些范例,以示这种观察和生物学之间的联系。我所选的主题都源自对大自然的普遍观察。我想要突出强调这些年我所发现的最令人兴奋的一些故事,它们已经发表在《博物学》(*Natural History*)杂志和其他一些地方。有些故事是数十年研究的成果,有些故事则是启发自引起我即时兴趣的奇闻轶事。在对这些随笔筛选成册时,我倾向于选择多种主题,这些主题描绘了所有生命之间的相互联结,以及这种联结和我们人类个体生命之间的关系。

　　在我看来,详尽地了解自然,此过程已经变得越来越困难。深入且科学地研究自然可能需要专业化,但专业化同时也会使我们与所经历的那个世界脱离,使研究和结论变得抽象。然而,我希望这些随笔会激发和鼓励参与、感受自然的渴望,不仅是通过科学,也通过直接的接触。

　　我很幸运地得到一些特别的机会,与自然界和科学界进行了广泛而亲密的接触。热心的前辈们给我提供了经验和启发,令自然和科学的结合成为可能:那是适宜生长的肥沃土壤。

　　我的父亲格尔德(Gerd)让我跟他一起外出捉姬蜂、设陷阱诱捕老鼠,在我6岁时还指导我如何正确地固定甲虫进行科学采集。我的母亲希尔德加德(Hildegarde)教导我如何给小型的鸟类和哺乳动物剥皮及塞入填料,为博物馆制作标本,以及如何风干和保存植物。格兰茨奥(Rolf Grantsau)为我展示了怎样制作和使用弹弓,并向我介绍了一种画笔。弗洛伊德·亚当斯(Floyd Adams)告诉我有关在地面取食的啄木鸟(扑翅䴕)和一种飞起来好似鹌鹑的鸣禽(草地鹨)的故事。他妻子利昂娜(Leona)的院子里有一片开着花的蓝莓丛,当我在那儿用我的弹弓射中了一只蜂鸟时,她非常不高兴。弗洛伊德带着我和他的孩子一起去追寻蜜蜂,追捕浣熊,还在夜晚泛舟于匹兹湖上垂钓美洲狼鲈。波特(Phil Potter)指导我如何操作.30-30温切斯特步枪,如何划独木舟,怎样使用飞蝇竿、斧头、干草叉和锄头。我要感谢库克(Dick Cook),在做那些有意义的、适于在学术期刊上发表的实验的过程中,他给予我信心和快乐。在撰写科研成果时,巴塞洛缪(George Bartholomew)帮助我字斟句酌。我仍然能够深情地回忆起他们所有人,并心存感激,是他们帮助我创作了在此呈现的作品,他们的音容笑貌犹存我心。

感谢我的经纪人戴克斯特拉(Sandy Dijkstra),起初,她积极乐观的推助促使并鼓励我完成了另一本书。我的编辑,霍顿·米夫林·哈考特出版社的尔米(Deanne Urmy),总是高瞻远瞩地"监视"着我。同时我要感谢布鲁厄姆(Susanna Brougham)那双细致的眼睛,它们能准确识别出文中前后不一致之处,书中尽管依然存在错误,严格来说全要归咎于我自己。格洛弗(Lisa Glover)十分得体地协调了这本书的制作。最后亦是最重要的是,我对詹宁斯(Lynn Jennings)心存感激,当我在书桌前拖延时日,她耐心至极;她能辨读出我的潦草笔迹和打印文稿,积极地给予支持,充当了检测各种想法是否可行的测试人。自从她到来,缅因州森林就变得与此前大不相同,此后也不会再恢复旧貌了。感谢在缅因州海豹港"博物学家记事本"(Naturalist's Notebook)工作的内夫(Craig Neff)和马克伍德(Pamelia Markwood),他们为我的插画存档,以便我能在此书中将之呈现给读者。

你会设想一块划了些平行线痕迹的圆岩石，对一个无知的人和一个知道一百万年前冰河曾在这块岩石上滑过的地质学家，能激起同样多的诗意吗？事实上，一个从未作过科学探讨的人对于他四周的诗意大部分是茫然无知的。一个在青年时代未曾采集过植物和昆虫的人对于乡间小道树丛能引起的莫大兴趣就懂不到一半。*

——斯宾塞（Herbert Spencer，1820 —1903），

英国生物学家

---

*译文摘自《教育论——智育、德育和体育》，赫伯特·斯宾塞著，胡毅译，人民教育出版社，1962年8月第一版。——译者

第一篇

万物始于土地

土壤中的生命

《博物学》,2014年11月

在第二次世界大战刚刚结束后,爸爸、马穆莎(Mamusha)、我姐姐玛丽安娜(Marianne),还有我,曾在德国北部黑黝黝的森林中一座只有一个房间的小棚屋里居住了6年。高大的松树、云杉和山毛榉遮住了地面,只露出小棚屋前面一小块倾斜的土地。一场小雪刚刚覆盖了地表,眼下一阵温暖的春雨降下,白雪就化作了黑泥,这倒让我注意到我家门口有些令人惊喜的事物。日复一日,我瞧见有一小块土地变成了翠绿色。也许明天或后天,这小片绿色就会扩展至整块黑色的土地:我被这一圈嫩绿的、在神奇扩张中的草叶迷住了。

这是尽我所能记起的我最初感受到奇迹的时刻。即使之前我曾踏上过小草,我也不会注意到它的存在,因为它太常见了。可是,亲眼观察到一小片草地日复一日地扩展开来却是一个充满魔力和神秘的时刻,甚至还可能带着狂喜,这永远刻进了我的记忆里。

即便如此,有很长一段时间,对我来说,小草冒出来的那片土仅仅是被踩在鞋底和我脚趾缝隙间的某种易碎物质。它是大约1英里*之外、位于我们的棚屋和乡村学校之间那条树木覆盖的道路上的沙土。

* 1英里=1609.344米。——译者

我散步时,闪亮的绿色甲虫就在我面前飞速掠过,一阵短暂的曲折飞行之后,它们就落在几码*之外的前方,在阳光下闪闪发亮,好似宝石。我们称呼它们为"沙甲虫",后来我知道了它们叫虎甲虫。尽管我不会飞,但我能跑啊,和这样的好伙伴保持相似的速度前行令人非常开心。

虎甲虫属于虎甲科(Cicindelidae),是步甲虫(carabid)的近缘物种。步甲虫通常称为步行虫(ground beetle,德文名称 Laufkäfer)。步行虫不能飞,但都可以奔跑(这一特点体现在它们的德文名字中,源自 laufen,有"奔跑"之义)。这些在地表活动的甲虫很快就成了我的心头所好,我想拥有它们,拿着它们。这是受到了我那身为生物学家的爸爸的影响。那时,他把树墩从土里挖出来,好挣点钱。这些树墩是曾经占领此地的英国士兵们留下的,他们早就收割走了树木。爸爸将木材卖掉换了几芬尼**。之后他又决定将他挖出来的坑改造成捕捉老鼠和鼩鼱的陷阱。陪他一起干这件事令我很是兴奋,比任何事情都令人激动,因为好些个步甲虫也掉进了陷阱;爸爸教我如何保存步甲虫,这样就可以像其他孩童集邮一样将步甲虫收集起来。他还给予我现场指导,教我辨认那些我已经收获的和日后可能会找到的步甲种类。很快,我就可以为它们命名了:又大又黑的似皮革步甲(Carabus coriaceus),深蓝色的地面步甲(C. intricatus),橙红铜色的格纹步甲(C. cancellatus)[跟它很相似的有大黑步甲(C. concolor)],还有墨绿色的鲫鱼大步甲(C. auratus)。这些纹路细致、线条美观的步甲虫,其价值不仅仅在于它们很漂亮,也在于我走在任何地方仅仅是粗略一看就能在地面上找到它们。更令人愉快的是,我能捉住它们。

---

* 1 码=0.914 米。——译者

** 芬尼(pfennig):德国旧货币,1 马克=10 芬尼。使用年限为公元 9 世纪到 2001 年 12 月 30 日。——译者如今我住在缅因州,一方新的大陆上。最近我在挖茅坑时,想到那些往事,记起我旧日时光的步甲虫,突然心头一动,怀旧般地认出了它们。就在那里,土下几英尺*的地方,我挖出了一只步甲虫。它泛着金属光泽的黑色,背部有纹路和痘瘢,边缘闪烁着深紫色。已经太久没有收集步甲虫了,我叫不出这种步甲虫的名字,也不清楚它在地下的行为,但我抓拍到一张它的照片。也许当它还是幼虫时就掘洞钻到那里,最终蜕变成了成虫,或者它蛰伏在那里过冬来着,又或者它在躲避酷热和干燥。然而,无论哪种情况,它很可能以蜗牛为食,而蜗牛食草。这一切又与那些土有关,而此刻我正准备用土来接受我的排泄物。正是这同样的土有朝一日将会接受我的全部,最终将我转化成小草、树、花,以及许多其他事物。然而,就眼下而言,我几年前种的那棵美洲板栗树,还有临近的那些糖槭树,会因为位于厕所附近而长势良好。

我利用挖茅坑时掘出的土做了一个花园栽培床,拿来种马铃薯。我将好几块种薯插进土里,嘿,秋天一到——好到简直难以置信——完

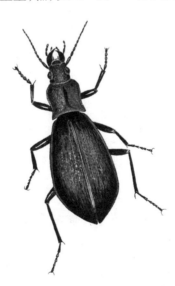

图 1.1 地面步甲(*Carabus intricatus*),我童年收集过的一种步甲虫。

* 1 英尺=0.3048 米。——译者

美又可口的育空黄金马铃薯(Yukon Golds)长出来了。我的合作伙伴林恩(Lynn)亲见了这个魔法,并且在我了解此魔法之前,我们已经有了一个更大的马铃薯栽培床,豆科植物顺着竿往上爬,甜豆伏在细铁丝网上生长,还有羽衣甘蓝、胡萝卜和生菜发出了小嫩芽。自从点点星星的绿色从黑土里冒出来并开始发芽,我们就密切关注着,热切地参与其中,8月我们就会收获用来越冬的马铃薯了。

我们由土地收获的不仅是食物。我觉得梭罗(Thoreau)在175年前就已经懂得这个道理,并且,也许将它阐释得更好。老亨利(Henry)(请他原谅我这么跟他套近乎)"决心要去了解豆子*",并自行开辟了一块两英亩**半的豆田。他终日照料豆田,为之松土,每天"从早晨五点一直劳作到中午"。他渐渐开始"喜欢"并"珍爱"他的豆子,他写道:"它们使我爱上了土地,因此我得到了力量,像安泰一样。"依靠双手,独自劳作,正如他写道,自己变得"与平日相比,和豆子愈加亲密了"。接着他总结道:"用手工作,都快到了做苦工的程度,总不能算懒惰的一种最差的形式了吧。"他继而给出了原因。

在照料豆田时,梭罗被"一群野鸽子给吸引住了",他有时"凝视着一对鹞鹰在高空盘旋",听褐矢嘲鸫(Brown Thrasher)鸣唱,以锄头"挖出一条迂缓的、模样奇怪的、生着斑点的蝾螈"。他并不致力于"想吃豆子",也绝非"发生金钱效益"。

我非常赞同梭罗浪漫的理念,还有他所表达的观点——当"停下劳作,靠在我的锄头上,这些声音和景象是我站在犁沟中任何一个地方都能听到看到的,这是乡间生活中具有无穷兴会的一部分";与之相反

---

* 本篇所引用的《瓦尔登湖》的相关译文,均参考自《瓦尔登湖》,作者亨利·戴维·梭罗(Henry David Thoreau, 1817—1862)。徐迟译,上海译文出版社,1997年7月第一版,2000年9月第3次印刷。——译者

** 1英亩=4046.865平方米。——译者

的,我认为,是在那些夏日时节里"我的某些同时代的人在波士顿或罗马致力于艺术",作为替代的消遣。也许这种充满了活力的"懒散"正是梭罗所珍视的。

然而,当涉及土地与劳作时,大部分人还是想"现实一点"。一般来说,我们在豆田里锄草松土可不是为了听褐矢嘲鸫的歌唱,也不是以挖出一条通体斑点的蝾螈为终结。梭罗为他的劳作列举出了精确的经济学数据,这令他现实一些。他逐条列记了成本和利润的钱数,按照他的计算,其中豆田的整体成本可达14.72美元0.5美分,收益为8.71美元0.5美分。

以我们今天的眼光来看,老亨利在他的两英亩半豆田里耕种了整个夏天,其收益几乎为零。我和林恩在第一年夏天断断续续经营的那个菜园子可以拿来做个对比,之前它只是块多矮林、岩石遍地的地方,我们将其改造成了菜园子。我们从没看见过旅鸽,但我们在自家菜园子得到的快乐几乎和老亨利在他的豆田里所得一样多。另外,我们还享受着友谊,这一点老亨利好像倒没去追求。所以,对我们来说,这是与土地之间的一场双赢,而且不仅仅在这两个方面。但是,我也怀疑我们的菜园能否在冬季伊始同样成为一项赚钱的生意。亨利的豆田也一样,尽管他可能已经给过暗示,我们来推测一下。

我们的菜园面积为1600平方英尺(0.037英亩);亨利的豆田几乎有这70倍大。他买种子花了3.12美元,我们花费94美元。这样,总体来说,他的花费只是我们的1/30,但若要以每单位英亩来计算,他的花费是我们的1/2100。再来算算户外劳作成本:亨利"耕耘挖沟"花费7.50美元(这一数额令他有些恼怒,因为他在《瓦尔登湖》书中加注了一条评论——"过昂"——就写在该条支出的旁边以做强调)。对他来说多少钱才算"过昂"呢?林恩和我付给我们的邻居普拉特(Mike Pratt)150美元,他帮我们把地(从灌木丛和铺满鹅卵石的土地开始的),正如我们之前已经提到的,这块地只有亨利豆田的1/70大。但是亨利的开销可没有我们的70倍,而只有我们的1/20,也即按照每英亩面积,他的花费是我们的1/1400。类似的,折算成每英亩为单位,我们总的成本是其1960倍。我的观点是:自梭罗所处时代(175年前)以来的通货膨胀导致了今天1美元的价值只有当时的1/2000。这样,梭罗那看上去好像盈利甚微的8.71美元0.5美分实际上相当于今天的17 430美元,金额可观。(这么算的话,梭罗看似很小气,连半美分都记账,实则半美分几乎相当于今天的10美元了。)

时至今日,有多少年轻人能在一个夏季挣上17 000美元,而且只是每日在豆田里工作至午前,此日剩余光景全拿来为"其他事务"所用?没有!但是这笔源自豆田的收入却不是梭罗热情谈论的对象。金钱收入只是附加的"收益"。如今我们所赚能抵得上他利润的一小部分都不大容易了,而且即使我们能挣到那么多,那通常也是以牺牲了亲近泥土的乡村生活带给我们其他方面的满足为代价的,而那种满足正是如今我们太常缺乏的。梭罗对那种精心经营的农牧业态度是揶揄的,他将其视为带着"无礼的匆忙和漠不关心"去追求产量……"我们的目标仅仅是拥有大田园和大丰收"。他总结道:"明年夏天我就不会如此费力地种豆子和玉米了。"这表明他觉得连眼下这点"勤奋"都已经太多了。

现在让我们来看看另一个亨利,一位来自缅因州的作者,他的时代比梭罗晚了一个世纪,接近那充满争议的工业化农业的开端时期。在他的著作《北方的农场》(Northern Farm)里,亨利·贝斯顿(Henry Beston)提醒我们:"人类的影子一度遮蔽了大地。剩下的只有土地,万物之母。"他总结道:"当农业变得纯粹出于功利主义,有些事物就死亡了……有时是实施着这些经济规则的人类,更多时候是人类和土地一同毁灭。"

作为同胞——将我和两个早些年间的亨利连接起来的不是虚假的

或可察觉到的界限,而是我们普遍的和土地的联系,一种关系到生活各个方面的联系——我种豆子也不仅是出自功利的目的。我们的耕作活动可视为象征性的,但是正如那些第一次引起我对生物的兴趣的小草一样,这项活动是发自内心的,有时甚至是一种充满了狂喜的提醒,提醒我们和土地及其他生命体的联系。

坚若磐石的地基

《博物学》,2017年2月

　　这些年,所有我见过的漂亮老树中,没有哪个比得上那棵粗大、年迈的黄桦树(*Betula alleghaniensis*)。它距离我们位于缅因州森林里的小木屋约1英里。尽管我瞧见它至少30年了,却从来没有试图去了解它。我从没想过为什么这棵树,或者就黄桦树总体而言,是很独特的,直到我最近仔细思考了这样一个事实:它们可以在岩石上发芽。地衣和苔藓长在岩石上——它们均可以脱水几个月后再水合,但树木需要得到持续的水分。黄桦树又是如何在其他树种都无法生存的环境里扎根生长的呢?

　　这棵黄桦树是这片森林中最老的一棵树了。它是如何能活那么久的呢?它定期开花,结种子可能有至少两个世纪了。在它周围倒躺着一些其他树种的腐烂树干,没有一棵跟它一样老,然而靠近这棵黄桦树也没发现新生的黄桦树萌生。取而代之,它身旁围绕的是云杉、冷杉、红槭树和糖槭树,这些树种已经填满了这块曾是放羊牧场的土地——18世纪晚期,定居者清理了古老的森林,开出了牧场。令人惊奇的是,他们没有伐倒这棵黄桦树。

　　众所周知,黄桦树树皮光滑,泛着美丽的黄金色光泽。这棵黄桦树,我在心中称之为"我的树",其树皮已裂成一些大块的易碎薄片纷纷剥落。它的中心已朽,因此确切的树龄难以判断。从外层部分极小的年轮推测树龄又势必会高估其值。我保守地估计树龄可达3个世纪。这棵黄桦树高度为45英尺,位于其上坡处有些150年树龄的美洲五针松,沿着一溜旧栅栏还生长着一排200年树龄的糖槭树,映衬之下黄桦树显得很矮小。但其树干的周长有11英尺,超过了这片树林里所有其他的树。它的发源之地像是一处粗硬、狭窄的岩石裂口。树顶端有一个洞,通往树的空心之处,这令人联想起1808年奥杜邦(John James Audubon)在肯塔基州的路易斯维尔附近发现的那株高达70英尺、日渐衰败的悬铃木。它是将近9000只烟囱雨燕的居所,它们在这株空心树里鸣叫,发出的喧嚣噪音使奥杜邦感到惊奇。70年前,雨燕在这一区域很常见,也许它们也曾在这棵黄桦树内筑过巢;还有几对曾在附近那个我们居住过的农庄的烟囱里搭窝呢。哺乳动物们也可以轻易地光顾我的黄桦树;离地面2英尺处有个大洞,足可以容纳下渔貂、豪猪或一只体形小点的熊了。

好多次了,我往地上撒不同种类的树的种子,来观察它们的幼苗是如何在其他条件未变的森林地面上竞相生长的。我撒了好几千粒黄桦树种子,没有一粒发芽的。另一方面,我在我们小木屋附近种的那株黄桦树却破土而出,继而每年增高2英尺。

黄桦树幼苗少并不是因为种源缺乏。由于缺少具体数字,我数了数,平均每个圆锥状的果实可产种子130粒。将这个数字乘以每条细枝所产圆锥状果实的数量,再乘以一棵普通大小的黄桦树的细枝数,我估计一棵平均大小、成熟的黄桦树每年可收获1950万粒种子。有别于山毛榉坚果种子通过鸟类传播,也不同于杨树种子靠风媒扩散,黄桦树的种子不会传播到离母树很远的地方。看来这些种子需要的是极其幸运地找到恰好合适的落脚点或者说生存条件,才能发芽。

　　在森林的另一处,我发现了一长溜几乎笔直排列着的黄桦树幼苗——树龄基本都相同——它们沿着一条昔日过度伐木的小径冒出来,母树是一棵种子产量极高的黄桦树。很显然,这些黄桦树幼苗能在这里扎根是因为这片土地曾一度裸露着。这个假设在另一处采伐区得到了证实,那里的地面被重型机械严重破坏了。黄桦树幼苗从那些被机械严重干预过的土地上长出来。其树龄与伐木停止至今的时间长度是一致的。

　　我对黄桦树的生长地点愈发感兴趣了,因为在这片森林里到处可见高大又健康的黄桦树屹立在岩石上。然而靠近这些母树,我却没发现黄桦树幼苗,尽管森林地面上还有开阔的空间。但我倒是见过同为幼龄的黄桦树、香杉和云杉一起长在树墩上。这是一个线索。

　　针叶树偶尔会生长在腐烂的树墩上,但不会长在岩石上。所有我见过的黄桦树——不同于香杉和云杉——都将一条或几条根沿着树苗栖息其上的岩石或树墩的边缘伸展,继而将根深扎入地面。由于在同一块岩石或树墩的周围没有任何形态的幼苗长出来,我怀疑地面落叶层能阻止黄桦树生根。但是,落叶层作为林地覆盖物可为槭树、桦树、山毛榉和栎树护根,又是如何阻止黄桦树生根发芽的呢? 用以解释树下缺少幼苗的一个假说将之归因于"生长抑制剂",即"化感物质"(allelochemicals)。然而在此例中,正如我将要展示的,从生态学和进化学的角度去解释也许可信程度更高些。这个解释从种子的大小和土壤情况来入手。

　　尽管在数量上,斑点大小的黄桦树种子比竞争树的种子充足得多,但在幼苗发芽所需的养料方面,如脂肪、碳水化合物或蛋白质,黄桦树种子所携带的亲代投资极其有限。幼苗在发芽之初亟需这些资源。清理森林,例如伐木作业,可以产生林冠空隙,使得阳光照进来为新的生长提供机会,因为林窗下位于适当位置的树木及其他植物的种子和幼苗都可得到光照。起初,万物地位平等。随后竞争就开始了。橡树、板栗树和山毛榉树的种子携带了巨大的能量储备。它们有能力在任何地方开始生长,哪怕是被掩埋在厚厚的落叶层下。然而,黄桦树的种子却缺乏这些来自亲代的资源储备,取而代之的是一套令其获取生存机会的机制,得以使它们能在开阔的空间里快速获取潮湿土壤中的水分以及头顶上的日光来生长:在树墩、覆满了潮湿苔藓的岩石,或者裸露的可提供栖息处的土地上,它们都能快速扎根以获得栖息处地下的水分。同那些亲代投资养分充足的种子相比,黄桦树幼苗存活的概率依然偏低。一旦这些树的幼苗都长到相近的大小,它们的生存策略就开始趋于一致。它们都要争夺日光。然而,此时的黄桦树还多了一项巧妙的技能。

黄桦树不仅要向上直立生长以获得尽可能多的阳光,它们还横向伸展以捕获侧面的阳光。在森林里,当每平方英尺有数以百计的幼苗开始长高,每株幼苗所能分得的光照从顶端到侧面都在逐渐减少。林冠空隙产生后没几年,灌木丛就形成了,很快就没有新的幼苗生出了。由针叶树组成的树林之下有着几乎永久的暗影,连苔藓和地衣都难以生长。在那些生着高大乔木的落叶阔叶林中,由于季节性落叶,春天伊始尚有短暂的阳光照进森林。地衣和苔藓尚有机会覆满裸露的岩石、树墩和伐倒的木材之上。然而,掉进很厚的落叶层里的种子怕是命运难测了,除非它们携带了充足的能量储备可以破土而出,继而得到光照。

相反,想象着一枚小小的黄桦树种子落在了高于落叶层的岩石上的苔藓里。海绵般的苔藓定期储备充足的水分,以助种子发芽。又如果幼苗小枝上那两片幼嫩的绿叶能捕捉到足够的光能——当春日和秋天太阳当空悬挂的时候——并且得到充足的二氧化碳来结合苔藓提供的水分,幼苗的根系就会变长,并开始向它所栖岩石之外的空间去探测。根系生得越快越长,就越有机会够得着地面和水分。一旦根系触到水分,它会迅速作出回应,扩展根系,吸收更多的水分和养分来维持生长。

我在试图回答这个问题:什么样的适应机制使黄桦树能生长在其他树种都无法落脚的岩石上呢?我推测这个物种依靠的策略是快速生长的根系。在一处落叶林里,我仔细检查过一根腐烂的松木,它距离一棵巨大的黄桦树很近。森林地面覆盖着很厚的落叶层。如我所期,这片落叶覆盖的地面上不生黄桦树幼苗,但覆满苔藓的松木上却寄居了14株黄桦树幼苗。它们的高度由几英寸* 到几英尺不等。我抓住其中一株大一点的树苗的根,设法拔出了6英尺长。顺着那段长度,这段根的直径逐渐变细,从2.1毫米降到1.5毫米。我估算了一下,如果从树干到根尖,整条根直径降低的比率是一致的,同时根尖直径为0.3毫米,那么整条根大约可长达25英尺。黄桦树根看着和摸着都跟一条绳索似的,我用力拉都拉不断。主根上的侧根越来越细,从细线状变成了蛛丝状,那许多的侧根看上去就像长出毛发似的。接着,我连根拔起一棵3年树龄的黄桦树苗。它的主干有23英寸长,3条侧枝分别有3英寸、5英寸和8英寸长。这次也一样,我很难将整条根系连带根尖都完整地拔出来。然而,我还是设法追溯根系,分别追溯至地下12英寸、20英寸、24英寸和29英寸的深度。鉴于我追溯到了一些较长的侧根,这棵树地下的根系长度至少可为地面主干、茎枝长度的4.5倍。根系长度是从树苗栖息其上的原木到地面距离的好几倍,这足可以够得着地面了。过细的根也许可以容许树苗快速成长。只需有短时间的水分滋养和光照,幼苗就会产出输送水分和其他营养物质的管道系统了。

快速抵达土壤获取水分和营养物质,这只是树木生存策略的第三步——排在"种子散播至合适地点"和"发芽"之后。争夺日光是接下来

---

* 1英寸=0.0254米。——译者

的主要任务,确保得到光能以固定二氧化碳。向上生长也许是最佳策略——这是一场对制高点的争夺战,因为邻近的树木从四面八方拥挤过来。但是,向侧面生长也并非全无好处。当我开始绘制树木轮廓时,很明显看出在向上生长和向外生长之间存在折中。这两种生长均得到不同程度的发展。在多种落叶树木——红橡树、美洲桦树,红槭树和糖槭树——混合、竞争的丛林里,所有的新枝都向上生长。向侧面生长被降到最低限度。当树枝被树木自身位于高处的叶片遮挡时——同时也有来自旁侧的叶片——它们就凋亡并脱落了,资源不断地输向顶端。

同样的过程在所有林木密度较高处均有发生,但是山毛榉树和黄桦树较低处的树枝依附在树干上更长时间才会脱落。结果便是,这些物种的幼树其较低处的树枝沿着水平方向生长,直到较大树龄。很显然,它们耐阴能力更强;从树冠层滤下的日光足以维持这些树枝生长。因此,当其他树长成了又长又细的杆状,通常顶端生着很小的树冠时,黄桦树和山毛榉树的外形变得更像针叶树(即三角形,树枝分层,向侧面伸展)。然而,对黄桦树而言,当它遇上林窗时,其外形就会完全地改变。黄桦树此时会生出一个巨大的树冠,向各个方向扩展。只有在这时候,黄桦树较低处的树枝才会脱落,树干变得粗大。获取了这些知识后,手边上黄桦树幼树和老树的绘制工作也完成了,我回去看我那棵"玛士撒拉*"桦树,试图重构它的成长历史。

这棵树最显著的特点就是它那高大、笔直的树干。如果它以前是从一块空地长起来的,它那些较低处的树枝就会向旁侧伸展,并继续生长。这棵黄桦树可能最终就会有好几条向着不同方向生长的树干。然而,这棵黄桦树仅在30英尺及以上的高度有粗树枝伸展。它生于其上的那条平缓的斜坡上没有很大的裸露岩石,而且它树龄太大了,几乎不

---

* 玛士撒拉是《圣经》中记载的长寿者。——译者

可能是在人类活动——例如伐木或农业——干预过的土地上生长起来的。然而一场火灾倒是可以开拓出空地来。在此情况下,落叶层就不会抑制黄桦树的幼苗生长:它很可能是在开阔地面暨露天处生长的。因此,它很可能是和冷杉及云杉的幼苗在一处丛林中生长起来的,比如那些火灾过后开始成长的丛林。随着和竞争树种一起长大,这棵黄桦树应该已经脱落了其较低处的树枝了,由于火灾之后的针叶树林非常黑暗,即使是一棵黄桦树也要加入到顶端竞争中去。但是杉树寿命较短,长寿的黄桦树最终将胜出,伸展它的枝叶。它会长得越发高大、越发向旁侧伸展。一两个世纪之后,它可能依然挺立在飓风和冰暴之中。暴风雨可能已经修剪了它顶端及其最大的树枝,故此这棵黄桦树逐渐地呈现出现有的形态。

豪猪也起到了一定的作用。它们经常剥食山毛榉和黄桦树的树皮,将位于地面高度的大块树皮全都啃下来。这种行为通常会杀死一棵树,除非还留下一条活着的树皮。然而,被剥了皮的树往往都死掉了,在常常潮湿的北方森林里,腐烂病会掏空那些树。新生的树木会从伤口两侧生长。这棵树上的孔洞和空心可能就是来自一场发生于两三百年前的遭遇。腐烂病随后削弱了树冠,使得这棵树易受天气的损害。

这棵"玛士撒拉"还有树冠,足可以与在它底下新生的槭树、冷杉、云杉和红橡树竞争。它还有足够的顶端优势获得直射的阳光。我上次检查它时,它顶端的树枝有一些结满了球果,就像其他还处在育种期的黄桦树一样。我估计有500枚种果(大约65 000粒种子)。金翅雀成群结队,以黄桦树的种子为食越冬。在冬天,振声松鸡高度依赖黄桦树的嫩芽为生。早春时节,嫩芽绽开,显露出黄桦树那浅绿色的叶片,还有它流苏状的花朵。理论上讲,在其长长的一生中,一棵树结出的每一粒种子都会成长为另一棵树;然而,经观察得到的事实值得我们牢记在心——平均而言,只有一粒种子能发育至成年。

扩展中的美洲板栗树

《博物学》,2016年4月

想象着一种树,它的直径超过10英尺,高度可超过120英尺,那浅淡的乳白色的花盛开时,满山犹如覆盖了白雪。曾几何时,美洲板栗树(*Castanea dentata*)在其鲜花盛开之际,以雄伟庄严的独特风采改变了山地景观。它们曾经是美国东部森林里的"树王"。在缅因州南部到佐治亚州覆盖着的林地中,美洲板栗树约占1/4的比例。美洲板栗树是一种演替顶级物种(climax species),这意味着该物种在稳定的环境中保持不变,同时对其他野生动物和人类又至关重要。板栗树粗糙坚硬的果实为多种生物提供食物,包括鹿、火鸡、旅鸽、冠蓝鸦、松鼠,还有人类。美洲板栗是很多定居者主要的美食。人们也利用板栗树皮来鞣革硝皮。板栗树那质地光滑又轻质的木材非常容易加工,又极其耐腐蚀。作为一种建筑用材料,它非常适于制造篱笆桩、谷仓及房梁、铁路枕木、家具、摇篮,以及棺材。板栗树是众所周知的"从摇篮到坟墓"的树。

然而,一场难以置信的灾难在1904年爆发了。纽约动物园(现为布朗克斯动物园)的首席护林员默克尔(Hermann Merkel)注意到动物园人行通道沿路上的一些板栗树患病了。一年后,园区所有的板栗树都

被感染了 。该栗疫病是由一种真菌(寄生隐丛赤壳菌,*Diaporthe para-sitica*)所致,显而易见是经由对此真菌有抵抗力的亚洲板栗树传播至美国——1876年,纽约法拉盛的一家苗圃曾引进过一批亚洲板栗树。自从栗疫病于1904年被首次发现,它便以每年20至50英里的速度扩散,所过之处,美洲板栗树似乎所剩无几,损失约有35亿至40亿株。栗疫病来袭恰逢美洲板栗树向西扩散至印第安纳州和伊利诺伊州的时期。至20世纪30年代,美洲板栗树统治生态系统的时代终结了。尽管在密歇根州还有一些苍老的植株幸存,大多数板栗树已经消失殆尽。

20世纪70年代,密歇根州凯迪拉克市的退休人士康普(James Ray-mond Comp)在73岁高龄之际着手为他所在区域他所知的尚存的美洲板栗树绘制地图。这些幸存的板栗树大多有高达80至100年的树龄,是早期从纽约州和宾夕法尼亚州来的拓荒者栽种的。仅是在凯迪拉克周边,康普就找到了1000多株美洲板栗树,它们当中的许多仍在结果实。密歇根州的美洲板栗树很令他着迷,因为这些树出于某些原因可以抵御真菌所致的栗疫病。康普深信繁殖培育这些板栗树的后代也许可以拯救整个物种。美国国家森林局生硬地回绝了康普建议其机构参与拯救物种的请求,因为那时候这几乎就是一个既定事实——真菌导致的栗疫病对板栗树致死率可达百分之百。

康普没有气馁,他向韦克斯福德县土壤保护区呼吁,恳请他们加入他的行动中来。韦克斯福德县的该组织有与农民和其他居民合作开展自然保护项目的历史,可上溯至1945年。康普说服了韦克斯福德县和它邻近县——米索基县——的自然保护区来传播扩散长于密歇根州的板栗树的种子。事实上,美国国家森林局对于致病真菌的看法过于绝对了:栗疫病在东部的森林中迅速蔓延,但是当栗疫病到达密歇根州就出人意料地降低了传播速度。要么是致病真菌发生了突变,要么就是板栗树有所改变。位于疫情区域西端的一些板栗树于20世纪40年代就已染病,它们本可能在染病4年之内死亡,但是30年过去了竟然还活着。它们曾感染栗疫病,现在痊愈了。一个对此可能的解释就是这个"减退"来自欧洲。欧洲板栗树(*Castanea sativa*)也曾遭受栗疫病的破坏,但在1976年,研究者发现有一种来自低毒性病毒科(Hypoviridae)的病毒攻击了导致栗疫病的真菌,进而降低了该真菌的破坏力,因此令欧洲板栗树幸免于难。

继这项发现,研究者假定这种病毒也存在于密歇根地区,并且能够解释该州那些对栗疫病有抵抗力的板栗树。由康普发动的制图计划得到了布鲁尔(Lawrence Brewer)的响应。布鲁尔就读于位于密歇根州霍兰市的霍普学院,他找到了超过1万株存活的板栗树。在当时,密歇根州似乎是全美国唯一尚存大量板栗树的州。(但从那之后,西塞勒姆、威斯康星州、沃姆斯普林斯、佐治亚州也相继发现了长势良好的板栗树丛,每丛板栗树的数量从几百株到几千株不等,其他州如缅因州也发现了单株样本)。这些艰难的尝试最初由一个意志坚定的个人发起,继而得到了他的朋友和当地团体组织的支持,最终促使美洲板栗树理事会成立。该理事会总部设在密歇根州凯迪拉克市,负责采集密歇根州那些具有抗栗疫病能力的板栗树种子,和苗圃合作培育幼苗,再出售给公众。

自从我1982年购买了25株密歇根州的板栗树幼苗,并把它们种在我缅因州那间小木屋附近起,我就已经加入康普对美洲板栗树的探索事业中去了。我本来并不期望在有生之年看到它们开花的,更别说结果实了。原因在于,即使它们能够挺下来,这附近也没有授粉树。然而,看见我栽培的小树苗有一些扎根了、长高了,伸展出来的叶片边缘有刺毛状齿,很像大号的山毛榉树的叶片——美洲板栗树属于山毛榉科(Fagaceae)——这还是挺令人兴奋的。

出乎意料的是,几年之后,我竟然看见我种的板栗树开花了。

那散发着微臭气味的、长且白的流苏状的花序引来了种类繁多的甲虫、飞蛾、苍蝇、蜜蜂,还有黄蜂。小巧的绿色果实由雌花发育而来,它们会长成接近棒球大小的绿色带刺的果实——称为"多刺果"——典型的多刺果每枚之内可含有3粒粗糙坚硬的板栗。然而,当果实初生时,我就急不可耐地检查了所有的果实,都是空苞。正如我所料,这些花没有经过授粉。

这些板栗树继续以每年约2英尺的速度长高。当它们的胸高直径超过1英尺时,还没有任何染病的迹象。有一位美洲板栗树基金会在缅因州分部的成员来拜访我,他说它们是纯种的美国板栗树。在我的院落里长有4棵健康的美国板栗树,它们在平稳度过幼苗期后继续长势良好,这已经超过我的期望。很快,更多的板栗树长起来了。

10月底的某天,当大多数森林树种的叶片都掉光的时候,我发现3株幼树聚在一处,它们的叶片是典型的板栗树的叶片,边缘呈锯齿状。我刮去一些泥土,看见幼苗破壳而出后留下的旧板栗壳。美洲板栗树的幼树竟然在我木屋近旁的树林里长起来了! 归根结底,那4株活下来的板栗树之间一定是存在异花授粉的。我发现了这些幼苗,过段时间又发现另外一些,这引出了一些值得探讨的问题。

图1.2 本土产的美洲板栗树的叶片、果实和种子。

　　我第一次从板栗树下拾起的那些多刺果是过早地从树上脱落的。由于它们不是经授粉发育而来，因此也不会生出种子；板栗树在自行剔除那些没有收益的能量投资。与此同时，那些经过授粉发育而来的多刺果总苞里蕴藏着有生殖力的种子，它们继续留在枝头直至成熟。板栗树苗的分布范围能远至树林，这倒是挺有趣。那几株母树在我自家空地的边缘生长，靠近它们我没有发现任何幼苗。是谁，或者是什么力量使得板栗树种子扩散至他处呢？那之后的每年秋天，我都留意观察着潜在的种子扩散协助者。

　　有一年秋天，我注意到一群冠蓝鸦突然造访了我的板栗树。它们将板栗从多刺果里啄出来，这种行为持续了大约一周。这群冠蓝鸦觅食的时间恰好是板栗树的多刺果开裂之际。果壳裂成了4瓣，向外卷曲着，露出了柔软、光滑的内缘。冠蓝鸦不去啄开那些仍然闭合的多刺果。它们会将2到3粒板栗含在喉囊里，飞过树林，想必是把板栗藏在地表某处或埋在土壤中了。鸦科是出了名的有分散囤积行为的动物，每批食物都能藏在不同的地点。那一段时间我发现的238株板栗树幼苗的确也分布得十分广泛。许多幼苗是两三株一起涌现，这倒是没什么好惊讶的；但是有些是多达10株聚集在一丛，甚至有一簇的幼苗数量高达20株。我初次发现这么一大丛幼苗的时候很是惊讶，因为冠蓝鸦通常一次不会运输超过3枚板栗，并且没有发现它们会连续地将食物藏在同一个地点。我估摸着若能找到这位板栗树幼苗的散播者，会对板栗树复兴有重大意义。

　　同年秋天还有几只灰松鼠时常光顾那几株板栗树，它们待在树冠上吃板栗。红松鼠们在栗子成熟之前就来了，那时候多刺果还呈紧闭状态。当网球大小的多刺果落地时，我听见过连着好几下"扑通、扑通"响。松鼠们正在把果实从枝头摘落，然后从树上下来，捡起多刺的果实，咬开，当场就吃掉里面的板栗。考虑到多刺果坚硬的保护性外壳还有壳上那些刺,就跟个海胆似的,吃板栗的过程必然很缓慢,可能还很痛苦。那期间,我没有观察到任何松鼠把整只多刺果或者里面的板栗偷偷带走。

接下来的秋天,情况就不同了。这一年山毛榉坚果产量颇丰,冠蓝鸦们就似乎不来理睬这几株板栗树了。然而当多刺果开裂的时候,有一只红松鼠出现在树上。今年,红松鼠并没有去折断枝头的多刺果,而是一遍又一遍地爬上树冠,拿到一枚板栗就溜下树,带着它跑进了森林,每次都重复着几乎相同的路线。我推测它正在储藏板栗。这么做有好处,因为数以千计的板栗突然变得唾手可得,不需要对付那些坚硬的刺了。

这只松鼠似乎在带着板栗去往同一片区域,即使不是相同的特定地点。我等着,直到这只松鼠又跑上了树顶,随后我顺着它刚来的方向快速跑进森林。我藏起来,希望藏身处足够近,可以看清松鼠奔向何方。确实,几分钟后,它携带着一枚板栗一路蹦跳而来。在它开启下一趟行程前,我沿着这条小路移动得更远些,直到我看见那只松鼠将它的板栗存放在某个树桩边缘的洞穴里。

在那里,我发现藏有10枚板栗,轻薄地盖在树叶之下。我将树叶放回原位,离开此地。一个小时后当我返回查看时,板栗不见了。那只松鼠显然已经看见了我或是嗅出我的气味,它业已将它的板栗宝藏重新安置了。但我已经解开了这个谜:如何以及为什么有时会有12株或是更多的美洲板栗树在同样的地点发芽,聚成一丛。

板栗树种子是如何被储藏的可能要比种子散播的地点和数量更关乎板栗树的存活。我在秋季收获的板栗可不像豆子或其他种子,那些种子能风干,而且它们再次吸水后还会发芽。我的板栗树种子在室内很快风干了,但随即也就死了。我将一些板栗放在户外,在那里它们结了冰,也死了。接下来,我将板栗放在潮湿的泥炭苔上,置于室内,它们就不会结冰。春天到来时，它们被厚厚的白色霉菌包裹着，其内容物也已经变成了糊状。那么，鸟类和松鼠在森林里贮藏了一个冬天的板栗是如何长成幼苗的呢？

只有实验可以回答这个问题。我用一个金属丝筛网把一些板栗树种子围起来，将它们放在新近掉落的树叶上。我将另一些板栗随机地扔在树叶上。所有那些被金属丝筛网保护起来的板栗都死于霜冻，同时那些随意撒在落叶上的都消失不见了，大概是被动物们拿走了。但是，我还将一些板栗掩埋在地下5至10厘米，这些板栗安然越冬，在春天长出了幼苗。我曾见过冠蓝鸦用喙连续敲击橡树果实，将之埋进松软的泥土里，以此方法储存橡树果实。掩埋食物是鸦科动物的日常操作，它们会将食物塞进缝隙，或是借用附近的碎屑掩盖起来。也许它们也用同样的方法处理板栗树的果实。红松鼠把果实放在天然的洞穴里，或是藏在地表落叶层底下。很显然，这些动物已经不只是板栗树种子的散播者了。它们是板栗树种子的种植者。

冠蓝鸦和松鼠可能会帮助美洲板栗树重返我们的森林，但是眼下我们自己的干预也是必要的。我所找到的板栗树幼苗大多位于密林深处的阴影之下。板栗树种子发芽的第一年，那枚小巧的种子拔地而起可达15至17厘米，能量来自板栗中储存的食物。这株单薄、瘦弱、细长的幼苗茎随后生出几片叶子来捕获任何可得到的阳光。大多数时候，幼苗被高大的树木遮蔽，仅有些许生长或根本就不生长。在维持生存或来年抽出几片新叶所必需的能量之外，幼苗很少积聚多余的能量。尽管如此，它们在阴影下存活的能力却令人印象深刻。其他的森林树种掉落的种子更多，但它们的幼苗存活时间不像板栗树幼苗那么长。许多种子甚至都没有发芽。跟黄桦树类似，板栗树种子从它们的母树那里仅继承到极其贫瘠的起始能量，而且它们的叶片在捕获光能方面的效率也更低些。

当斑驳的日光照亮了林地的表层,板栗树幼苗可能会得到足够的光照来捕获能量,并将能量投资到缓慢至显著的生长中去;但是它们也极其可能遭到啃食,直到它们长高,超出了野兔、鹿和驼鹿的牧食范围。如果幼苗恰巧位于由树木倾倒、被风吹折树枝或是伐木造成的林冠空隙处,幼苗将以每年2英尺或更快的速率生长,并有极大的可能成为森林中活跃的成员。在20到30年内,它们能提供的不仅是子孙后代,还有给昆虫、鸟类和哺乳动物的食物和庇护所。根据宾夕法尼亚猎物委员会的一份报告:"板栗为野生生物提供的高热量食物中含有质量分数大约为11%的蛋白质;相对之下,橡树果实的蛋白质质量分数平均值为6%。板栗也包含了大约16%的脂肪和40%的碳水化合物。"每年,每株成熟的美洲板栗树可稳定地产出6000枚板栗之多。每株白橡树每年可产出大约1000枚果实,每株红橡树每年大约产2000枚果实,但是这两种橡树没有一种能稳定地结出橡子,然而板栗树却是每年都会开花结果。

美洲板栗树对生境的附加值解释了为什么美洲板栗树基金会如今在16个州——板栗树曾经分布在这些州——都有活跃的分会。该基金会始于1983年,由一群致力于将美洲板栗树在其原本分布范围内复种的植物科学家成立。出于同样的目的,州政府机构也采用了一些土地管理实践措施。

对物种而言,对捕食和真菌易感并不是一个全或无的状况。在极大程度上,遗传上最易感病的板栗树已经没有了,自然选择在这方面发挥了作用,生出了更有抵抗力的样本。然而考虑到板栗树那较长的世代时间,作用见效很是缓慢。不幸的是,被栗疫病杀死的板栗树那尚且存活的树桩还在发芽,而且其中一些对真菌易感的个体长得足够大到可以传播它们的基因以及疾病。疾病依然在蔓延,在美洲板栗树分布范围的核心,许多板栗树如今以活着的树桩的形式存在。

　　缅因州位于美洲板栗树分布范围的北端。尽管这个州一直都有一种本土生、对栗疫病免疫的板栗树种群，20世纪70年代末期，一位就读于缅因大学森林学系的年轻学生对板栗树产生了兴趣，并承诺要保护它们。韦尔斯·瑟伯（Welles Thurber）开始种植并散播本土的板栗树幼苗，不管他走到哪里，都在寻找板栗树。他被称为"板栗树小伙子"，跟密歇根州的康普很相似。甚至是在美洲板栗树基金会成立之前，韦尔斯就会见过赫巴德（Frederick Hebard），后者成为美洲板栗树基金会繁育项目的主管；两人最终决定保护缅因州板栗树最好的办法就是直接和美洲板栗树基金会合作，并培育抵抗疫病的板栗树。1999年，美洲板栗树基金会在缅因州的分会成立了。韦尔斯开始用来自美洲板栗树基金会杂交繁育计划的花粉为一些缅因州本土的板栗树授粉。通过一种名为回交育种的方法，美洲板栗树基金会和其缅因州分会采用多代繁育创造出的品系，包括一些来自中国板栗（*Castanea mollissima*）——该品种带来对疫病的抵抗力——的基因；但是，经过五六代之后，所含基因主要来自纯种美洲板栗树。尽管美洲板栗树基金会缅因州分会使用的花粉来自杂交树种，该会采取的立场却是坚决反对在它的繁育计划里使用基因工程得来的板栗树。缅因州分会的目标是截至2020年在它的种子园里种植54 000株杂交的板栗树，这个目标已经实现过半了。

　　在由美洲板栗树基金会缅因州分会查明的67个地点中，没有一株本地产的美洲板栗树表现出患栗疫病的迹象。这些树中许多植株的高度超过75英尺，最高的那一株——达115英尺——于2015年被发现。这棵板栗树较细，周长为50.3英寸，相对比之，我1982年种植的板栗树中最大的那棵周长为52英寸。在缅因州还有其他几株板栗树相当强壮，而且都很健康。

　　将近34年前，当我种下我那几株幼苗时，我曾心怀着它们能够存活的希望。它们很快就在植被洗牌之际以及我的生活里被遗忘了。现在,我起初的那25株幼苗里只剩下4株长成为树。它们数以百计的后代生长在附近的森林里。最高大的后代板栗树有3棵,其中一棵高度已经达到31英尺,周长为10英寸。它每年都会增高几英尺。这些个体在苗壮成长,但这个物种会回归我们的森林和我们的文化中来吗?美洲板栗树曾经遍布森林,它们的造型壮观华丽。没人会想得到一些显微镜才看得到的菌类几乎要将板栗树赶尽杀绝。而现在,也许带着希望的小巧种子能够帮助它们复兴。

板栗树持续地给人带来惊喜。我在缅因州种的板栗树有两棵被豪猪严重地破坏了,它们围着板栗树啃食树皮,树就死了。另外4棵我于同时间(1982年)在佛蒙特州种下的板栗树就很健康,但是那几株偏小的板栗树(长在阴影里)至今还没有结种子;而那4棵起初种在缅因州的板栗树持续结种子已经至少20年了。授粉很重要。许多种昆虫来访问板栗树的花朵。2016年春天,当我在板栗树附近释放了一群蜜蜂时,蜜蜂们全都蜂拥而去,团团围住花朵和树木,活动时发出嗡嗡的叫声。事实上,所有的多刺果都产出了有发育能力的板栗,平均每枚多刺果产出2.4枚板栗(相比于可能的3枚)。2015年秋天,由于一些无法解释的原因,多刺果没有裂开释放其内的板栗树种子。冠蓝鸦啄开了一些部分开裂的多刺果,在树冠上大范围地搜索,寻找板栗树果实。

许多只冠蓝鸦同一时间在一棵树上"工作",但同一时间只有一只红松鼠在树上出现——这些动物表现出很强的领地性。既有的一堆板栗,有些内里充盈而另一些是空的,冠蓝鸦衔起那些中空的板栗测试重量,随后便丢掉了,它们只搬走了那些内里充实的板栗。2016年秋天,我撰写本文之时,起初种在缅因州的那4棵板栗树的孙辈都已经开出了它们的第一批花。

· · ·

森林里的树木之间有着持续的竞争关系,不同的生存策略也得以进化。1997年,在我写《我森林里的树》(The Trees in My Forest)那本书时,也即我种植美洲板栗树13年后,我甚至都没有将美洲板栗树放进我在书中提供的那里所有树种的名单里。原因很简单:我都还没有给自己哪怕是一个美洲板栗树会存活的希望。现在它们郁郁葱葱,大量繁殖,我不仅能观察到它们的生存机制,也能看到它们如何传播、生长和竞争,了解所有在种植树种中都无法了解的特点。

最初种植的那4株板栗树周围的森林在冠层覆盖度和冠层种类上都是非常多样化的。一些树每年增高2英尺,一些树每年增高2英寸,而其他的树,例如那些长在针叶林底下的树,处在"永久的"阴影里,一点都不长高。然而,作为一个开始,所有的板栗树幼树在第一年都会生长大约6英寸,因为板栗树种子蕴含了来自母树的能量储备。当这份食物储备用尽之后,板栗树幼苗就需要来自阳光的能量输入了。

地表的枯枝落叶层上撒满了树的种子。例如,仅是一年之内,任意一棵桦树就可产出数百万粒种子(我曾经清点过果实数量和每枚果实中的种子数量,以此计算种子总数),终其一生可产出数亿粒种子。在阳光所能到达的开阔地面,那里会有一厚层似苔藓的幼树;每一株幼树树龄都不多于一年。但是在被针叶林完全遮蔽的阴影下,无论如何通常是没有幼树的。除了美洲板栗树,那里甚至都没有种子发芽。在完全被遮蔽的阴影下见到树木生长似乎有点令人惊异,但考虑到板栗树一开始的能量储备,也许这就不足以为奇了。然而使人惊奇的是,接下来几年,板栗树将继续储备能量并剔除叶片。也就是说,当这些幼树等待一个机会——例如当遮蔽的树木被移走且阳光到达地面——长高时,它们有着不可思议的耐阴能力。

成熟的美洲板栗树和板栗树幼苗在适应性上是旗鼓相当的,但有一点不同。与许多其他森林树种相比,快速生长的板栗树树枝的耐阴能力出奇的差。山毛榉是这片森林中和板栗树最近缘的树种(它的叶片和板栗树的叶片在形状上十分相似),它们向着各个方向伸出树枝;即使是被树荫遮住,它们也继续向外生长,好像在向侧面寻找阳光。板栗树不是这样的:当被遮蔽的树枝上的树叶不再能为树木获取能量资源时,这些树枝也就不再有树木来支撑——它们脱落了。它们死了、枯萎并且被截除了。就这样,树木切断了它那些不良的投资,不断地向上生长,一直长到有最多光能之处。(然而,它可以、也确实还会向着侧面生长,就像在我自家空地里或边缘处生长的那些板栗树一样。)

上述树枝的自我削减造就了一个令人惊叹的成果:缅因州拉弗尔的一棵美洲板栗树。它曾被新闻媒体——包括美国公共广播电台(NPR)——广泛地宣传为"缅因州最高的美洲板栗树"。它高达115英尺,大约是我所种植的最高的板栗树3倍高。2015年12月初,林恩和我驱车前去探访那棵我们曾期待的巨树。一位向导为我们领路,然而我们很可能会和它擦身而过却不看它第二眼。从树干周长来说,它和我种植的板栗树一样。这棵板栗树高大笔直,它剩余的树枝眼下全都集中在顶部,在那里它够得到阳光。这棵板栗树和同样高大的美洲五针松长在一处,它曾在这些松树间长大,而且还在继续长高。它外形的原因显而易见:也许在100年前,这片区域曾是美洲五针松的地界,同时生长着这棵美洲板栗树。松树生长速度快,而在树木间对直接光照的争夺中,这场竞赛从头至尾都是棋逢对手。这棵板栗树顶端的枝条始终是生产力最高的,那些位于下层的树枝总是不停地脱落。

也许可以推论说美洲板栗树是阳性树种,但置身于丛林中那些胜出的松树之间,"不耐阴"在此处却助板栗树在竞争中获得一席之地。板栗树侧面的枝条起初帮助板栗树存活下来,然而它在顶端那挺直且狭窄的生长已然使板栗树跻身于阳光争夺战的获胜者之列。

◇

当粗树枝弯曲时

《博物学》,1996年2月

    在缅因州,1月来场解冻可不总是件受人欢迎的事儿。如果这场解冻还伴着雨水,森林和公路很快就会覆盖上冰层,人们也销声匿迹了。我们等待着这场雨可以转变回雪,就像通常那样。1995年1月22日的那场暴风雨绝对没有那么差劲,但我发现它格外惹人烦。夜里,冻雨汇聚在我那用以研究渡鸦的鸟舍的金属丝网上,结成厚厚的、冰冻的硬壳,金属丝网被重量压塌了。早上,冰如水晶一般悬挂在所有的枝头——一个非常漂亮的景象,只是我最喜爱的、靠近我小木屋的那株白桦树有几个大树枝由于其上冰雪的重压已经折断,无力地低垂着。6英寸粗的灰桦树屈身弯腰,它们的树梢都贴到了地面上。

    然而,也许更令人惊奇的是,我的那些树大多安然无恙。不同于我的鸟舍——一个以木材和金属丝网搭建的临时建筑,森林依然挺立着。当我检查这些冰雪覆盖的树时,我开始视它们为由进化塑造的优良结构之典范;任何劣势的树木模型早已因气候从这片景观中消失。

    尽管如此,一些树确实会不定期地遭到破坏,并且这场冰暴足够凶猛以至于暴露出了树木结构上的弱点,也凸显了其优点。我忆起大约10年前的一场冰暴在成熟的硬木林里留下了一地乱糟糟的断枝。灰桦树已被毁坏了,或是它们的树梢全部弯垂至地面。生有更强壮树干的白桦树的粗枝被扯掉了。但是,我从未见过任一株冷杉或云杉的粗枝被扯掉,并且,这些树在冰暴中依然挺直。在最近这场冰暴中,在我小木屋近旁,只有相对高大的白桦树和灰桦树受到了影响;红槭树、糖槭树、美洲白蜡、山毛榉和黄桦树——所有十分年轻的树——看似没受到一丁点伤害。

几天后,当我漫步于附近一片成熟林间时,我发现了更多的毁坏情况。许多成熟的结着种子的橡树、山毛榉树、槭树、白桦树以及粗树干的黄桦树已经倒下了,地面散落着它们新鲜的树枝。高大松树的粗枝也已经折断了。虽然大多数树木在这场冰暴中明显"运行"良好,那些被毁坏的树木却提醒我:不应该视树木结构为理所当然的事物。

我不晓得是什么规律在此起作用。诸多变量中的首要变量是树枝上已堆积的冰的重量。单凭视觉观察显示出,桦树比其他硬木树种堆积了更多的冰,因此我开始去仔细查看是否果真如此。我用灌木铲除机从5棵不同品种的年轻硬木树(包括白桦树)上剪下来5条3至4英尺长的树枝。我小心翼翼地不要碰掉一丁点冰,用一个弹簧秤——那种渔民用来称渔获量的秤——为25条覆满冰的树枝称重,然后将它们在我小木屋的地板上摊开。到下午晚些时候,冰已经融化了,小木屋的地板被水洗过一般,我再次对树枝进行称重。

正如我曾猜测的,比起其他树种的树枝,桦树树枝上堆积了更多的冰——明显如此。平均而言,桦树树枝有冰荷载时其重量是没有冰荷载时重量的8倍。美洲白蜡其冰荷载与树枝重量的比值最低,而糖槭树、红槭树及苹果树枝条的该比值居中。

白蜡树细枝数量最少,这也许能够部分地解释缘何它们汇集到的冰最少。白桦树堆积的冰较多,它们有着更茂盛、数量更多的细枝。此外,当部分桦树的细枝承载了冰时,它们趋于向外低垂,远离树的主干。表面张力将水珠更久地吸附在细枝上,水沿着细枝缓慢地向下流淌,令一层薄冰得以形成。对比之下,就拿苹果树来说,它那相对硬挺、水平的细枝通常结挂极少的冰,水全流下去了。

　　树木整体构造也很重要。白蜡树、槭树和杨树(尤其是年轻的树)大体上像一个枝状大烛台,而且这种细枝大多呈垂直排列,就"冰"这方面而言起到两点作用。首先,一条细枝越是挺直向上,它提供给降雨的表面积越少,它所能拦截的雨水就越少。此现象可在美洲白蜡树直立向上的细枝那里观察到。第二,任何被树枝拦截住的雨水都向内流向树干(而不是向外,就如在灰桦树上的情形一样)且结冰,在那里结冰造成的损害最小。大多数年轻的槭树、白蜡和杨树的树干上都结着一层厚厚的冰。也许这层冰甚至还帮助它们变得硬朗,而非使之脆弱,就如同倘若冰是结在树枝外面那样(类似于冰在灰桦树上的情形)。就在这一场冰暴中,没有一株枝状烛台结构的树表现出任何受冰荷载所累的迹象,过后它们也没有积攒太多的雪。这可能也帮助解释了为什么相对于树干较细、但更尖挺的年轻的树,成熟、生有舒展大型树冠的树的枝条更经常地遭到折断。

　　尽管选择压力在某种程度上塑造了北方树木的枝条构造,以最小化冰雪荷载,但树木上层结构最重要的功能仍然是生长叶片来捕获阳光。叶片虽然是树木生命之必须,却也能导致树木的死亡,因此叶片的位置代表了一种收益和成本的折中。若不是考虑到这个折中,事情也许似乎就会违背常理:一些树业已进化出特殊的酶类加速树叶的死亡,并且仅仅是三四个月之后就发挥作用使叶片与树木脱离。树叶脱落有许多功能。首先,它使得一株树在干旱或沙漠环境下能够保存水分。然而,落叶的习性也可以被视为一种临时的解决办法,以使一株槭树或桦树在缅因州的冬季存活下来。极北地区紧贴地面生长的灌木,例如格陵兰喇叭茶、青姬木(沼泽迷迭香)和鹿蹄草在整个冬天都保留着叶片,这证明了冬天和叶片并不总是不相容的,但是高大的温带树种需要一道防线抵御冰和雪。例如,前一个冬天在纽约市,冰雪折断了那些观赏性冬青树(原产于更偏南方的地区)生有宽阔、常绿树叶的枝条。在缅因州发现的两种原产自北方的冬青树——北美冬青和山地冬青——会落下叶片且保持不受损坏。

大多数针叶树是使用折中策略的奇才。多数针叶树在冬季保留它们叶片——针叶——的同时,树木趋于挺直、坚硬又锐利,并且比起阔叶树种,针叶树汇集的冰更少。针叶树既能保留叶片,又可以减少冰雪荷载,这个双重本领可能与它们的整体构造和枝条强度有关。从童年起我就是个爬树好手,我觉得自己有资格来评价树枝的强劲度。新手们曾随我爬到100英尺高的红杉树顶端,见到我单手悬挂于、或是上下跳跃在一棵活着的杉树某条仅几英寸粗的纤细树枝上时,无不骇然。然而,在相同粗细的美洲五针松枝条上跳跃是有致命危险的。这种北方的松树在秋季只是脱落一部分叶片,并且它在枝条强度方面的不足通常会由枝条的厚度来弥补。美洲落叶松的枝条强度甚至更差些,而且极其不牢靠。如果美洲落叶松的枝条能如云杉和冷杉的枝条那样积攒同样多的冰雪,它们就会经常地从树干上被剥离。当然了,它们几乎从未被剥离过;美洲落叶松是北方针叶树中唯一完全落叶的,在冬季它掉光了所有的叶片(针叶)。

这一保护了云杉和冷杉、以及某种程度上保护了松树的主要构造特点,也正是将它们用作圣诞树时我们所珍视的特点:它们那圆锥的形状。每年春季,这些树在顶端抽出一条笔直的嫩芽;与此同时,一轮3至6个树枝向水平方向抽条,而已有的、位置稍低处的树枝向旁侧伸展得更远。这些呈伞状、分层级的树枝,每一层都比上一层稍稍宽大些,层级的数量对应着树木的年龄。

针叶树的确积攒雪和冰,同时就如在年轻的、枝状烛台形状的硬木树上那样,水流确实是向外而不是朝内的。然而,一个新的结构特点在此起了作用并拯救了针叶树:由于水平枝条既高度柔韧又结实,它们不会折断——它们会弯曲。当枝条开始下垂时,它们承受着巨大的负荷,并非因为它们正将负荷高举在空中(好似一个人可能会将一袋水泥举过头顶),而是由于它们完全被拉着。也就是说,枝条忍耐它们的负荷凭借的是拉力。因此,针叶树树枝的"末端负载"就不是一项负债,而是一项资产。当为冰和雪所累时,较上层那些轮生的枝条向下压,由稍下层的枝条来支撑,直至形成一个稳定的锥体结构,或者说好似印第安人的圆锥形帐篷的结构。

针叶树的树枝凭借其末端的重量向内推挤树干,样子就像是一个正在折叠的雨伞;它们截获的降雨更少。对一株长在缅因州的树而言,这正是一个最理想的特点。树承担的负载越大,就有越多的雪滑落下去,就像雪从我那小木屋陡斜的屋顶、或是印第安人的圆锥型帐篷上滑落一样。总的来说,一棵针叶树的结构和一棵美洲白蜡树的结构是截然相反的。白蜡树的细枝很少;相反,它生有巨大的复叶,会脱落,就**好像**复叶是生有许多叶片的浓密小树枝一样。

诗人弗罗斯特(Robert Frost)对森林之美或是新英格兰冬天之美毫不陌生。这一年冬天,当我测量我的那些树,尤其是那些负载着冰的桦树时,我会记起他的诗《桦树》(*Birches*),在诗中他想象着一个男孩在这些树上摇荡(就如我还是个小男孩时经常会做的那样),并且写道:

> 可是"荡"一下不会叫它们一躬到底,
>
> 再也起不来,
>
> 那可是冰暴干的事……

圣诞树

《博物学》,2001年12月到2002年1月

　　除去它的宗教意义,圣诞佳节给予我们这些居住在北纬地区的人一个更为世俗、但也是传统的理由去庆祝。我们再次经历了一年中最长的那些夜晚,然后便可以期待着时间一路下去,由冬至到春天,白昼更长一些。为了纪念这一盛大事件,北欧和北美的人民素来习惯深入森林去采伐一株年幼的常青树带回家。

　　对于我住在新英格兰的家人而言,节日直到平安夜才开始。我们走进附近树木繁茂的森林深处,伐倒一株6—10英尺高的云杉或冷杉,搬着或是拖拽着回到居所。我们不会挑选一株苦于争获日光而生得又高又细瘦的树。我们偏爱那种基部较宽,树干呈均匀的圆锥形,且枝丫有序排列、连续轮状着生的树。

　　趁着它的叶片还充满活力且新鲜,我们按照传统习俗装饰这棵树,饰以彩色玻璃球、金属丝、从落叶冬青树上摘来的红色冬果、云杉与冷杉的球果,以及模拟雪的棉花。在它们那装饰物的压力作用下,这些长且细弱的枝条微微地弯着,却不会折断,就如同在林间它们在冰雪堆积之下弯曲一样。树顶用一棵星星完成最后的点缀。

　　我们喜欢选择自己的野生树,就像我们喜欢装饰它一样。然而渐

渐地,深入到密林深处去寻找刚好适合的树木样品,对大多数人而言变成了一个不可企及的家庭仪式。虽然城市居民和郊区居民可以在经销商处挑选和购买一棵树来度过一年一度的传统节日,我却怀疑这是否会导致我们忘却真正的常青树本来的样貌。农场种植的圣诞树可以用剪刀或电锯修剪成任何想要的模样。讽刺的是,在商品树(这种树通常不种植在森林里)中需求最旺的那种样式却是我们认为一株圣诞树任其自然生长所能有的模样。也就是说,人们修剪这些树,企图改善自然。在我看来,这在某种程度上就好像是在给玫瑰刷红漆。

如果一个人知悉针叶树在自然状态下如何形成它的轮廓,他就不会认错一棵未经人工改变过的针叶树。一棵树从树顶开始发展出形状。夏末直至整个秋季和冬季,每棵冷杉、云杉或是松树顶端都有一个铅笔似的、直立的小细枝,生着一簇幼芽。这个小细枝就是"顶芽",最终会成为树木主干的一部分。(位于这个年幼顶芽之下的树木主干由一系列之前每年的顶芽发育而来。)任何幼芽——或是由此发育来的任何小细枝——都有潜力成为顶芽,但通常只有位于正中者才会承担起顶芽的重任,而同样生于顶端那簇幼芽中那些位于旁侧的幼芽最终会成为向水平发展的轮生枝。这些选择是如何作出的,事关生理学上的抑制和平衡机制,包含了许多植物激素间的相互作用,它们会对这株树在森林中的位置以及阳光等资源作出响应。

顶芽释放植物生长素,也即荷尔蒙,和其他称为赤霉素的激素共同作用来促进顶芽伸长,同时抑制附近嫩芽和小枝的生长。资源分流至顶芽被称为"顶端优势",如果没有这个机制,常青树就会均等地向着所有方向伸展。在一处荫翳遮蔽的森林,那里每一株幼树都要和其他成千上万的树苗竞争,不加区别地生长就是自取灭亡。它近旁那些树干呈圆锥形、相对挺直向上的树就会夺取它的阳光。任何针叶树能够在竞争中存活的唯一办法——而且只是很小的可能性——是在顶端长出一个狭小的点,向侧面伸长只是次要的。这棵树优先考虑的事情是要将能量分配给顶芽,以使整个有机体在阳光争夺战中得以伸展并超过其他的树。

然而,顶芽的地位并不是不可替换的。变化时常都会发生,多半是由于鹿或驼鹿啃断了这些幼树那多汁的顶端(在冬季,我也曾见过红松鼠专门以那簇顶芽为食,可能是因为它们是最大的嫩芽),或是暴风雨及掉落的树枝将其毁坏了。在这种情况下,我们也许可以预期向着各个方向的混乱生长,然而这里要遵循一个纠正机制。

当一棵树处于无顶芽状态且新近有不被抑制的侧向生长时,许多源自顶端簇芽的新枝向上生长,参与竞争,直到其中一个成为新的顶芽。这是一个缓慢的过程,要用几年才能完成。最终,当一个或另一个角逐者稍占上风,也就是说,它比其他竞争者释放更多的生长素,且这些激素在小细枝的较低处累积,导致那里的细胞伸长。这个被选中的细枝随后就会向垂直方向伸长,担负起顶芽的作用。一旦针叶树的匀称美恢复了,这棵树随后便再次向着天空伸展,可与它那些常青树邻居竞争了。

一棵商业圣诞树生命伊始跟任何其他针叶树一样,但它的顶芽和侧枝全都被剪掉了。这样的修剪就消除了幼芽和位于分枝上的小细枝抑制生长的作用。随后这些树向上输送的能量就会少于向外的,继而变得更加茂盛。随着它天然分枝的模式被打乱,这棵树,严格来说,不再是一株野生样本了。对于像我这样异教纯粹主义者而言,这种做法的效果反而不好。曾经是森林野性象征的常青树,已经被驯化成了一棵灌木。

如果这个我们带进自家客厅的自然世界之象征被修剪得符合人类的期望,我是否应该在意? 可能不应该。然而我们也许会逐渐偏好、甚至是坚持选择一株有着"完美"造型的驯化过的树,一株我们在自然界从不曾见过的树。我的质疑由此生发：如果我们对针叶树如何生长的无知即能容许我们对一棵圣诞树作出如此举动，我们还会在多大程度上不加关爱、甚至是无知懵懂地恣意改变自然界？

第二篇

昆　虫

解读叶片信息

《博物学》，2016年12月—2017年1月

有一只虎纹凤蝶毛虫（加拿大虎纹凤蝶，*Papilio canadensis*）栖息在我种的山核桃树苗的一片叶子上，树苗就栽在通往我们小木屋的小路沿途。通常情况下，我可能很容易就会忽略这只毛虫，因为它通体鲜绿。但正值8月中旬，树叶开始变得黄中泛橘，毛虫的绿色就特别醒目了。

由于每天都能看见它，很快我就对这只毛虫熟悉起来。最终令我感到惊奇的是，我注意到它总是待在同一片叶子的固定位置上，而且还保持着不变的姿势。然而，它好像每日都在长大。

这个现象持续了大约一周。**莫非它在夜里进食吗？**我很好奇。为了弄清真相，我在临近午夜时分起床查看——借着手电筒的光柱，我见它依然纹丝不动地待在白天的栖息之处。这当然也证明不了什么，因为一个晚上一次的查看相对于白日里很多次的查看显得无足轻重。所以在那个没有月亮的晚上，我又起来多查看了一次，瞧那儿，它正沿着叶柄往上爬呢，径直奔向其中某片1英尺长的复叶的尽头，去食用顶生小叶的末端，那里已有之前被它啃过的痕迹。它吃了5分钟，然后转身，显得还挺仓促地往回爬，回到那片距离较远的叶片上它通常歇息的地方去。接着，它掉个头对准它退回来的那个方向，排出了一小粒黑色

的粪便,就一动不动了。

显而易见,这只毛虫是夜间爬到距离稍远的叶片上进食的,再返回到白日里栖息的那片叶子上,待在同样的地点。但它为什么要在夜里进食呢?是为了躲避捕食者吗?例如鸟类可能会在它日间行动时辨认出它来。它体呈绿色,绿色的背景可助它防范天敌,一旦移动就会暴露自己。一次观察结果已经证明了这只毛虫在夜间进食。但是日间多次观察到它待在原地却无法否定它在白天也会进食。倘若它总是隔上很长时间才会快速地吃上一顿,那么无论白天抑或黑夜,能观察到它进食就很幸运了呢。我的好奇心被极大地激发了,连着好几天更加系统地研究这只毛虫的行为。接下来毛虫就自己现身说法了。

白天和晚上,大概每隔3小时,这只毛虫就由它常驻栖息地出发爬向其他叶片去进食。单程前往目的地沿途耗时约2分钟。进食约5分钟,然后立即返回。这样的日常节律让我在白昼13小时内任一想要对其进食行为做观察的时刻都有1/25的概率能看见它启程去觅食。说来也怪,它经常是连着几趟觅食之旅都奔着同一片树叶去了,让我不禁好奇它为什么不就地取材呢?如果还是返回到同样的地点,那为什么要离开此地并在行动中暴露自己呢?它的这个栖息地有什么特别之处吗?

每次毛虫结束美食之旅后,它都掉个头,从冲着(倾斜)叶片的尖儿的方向再次调整为相同的朝向,以待下一轮出发。掉头再加上摆出静止的姿态只需几秒钟。然而,有一次它觅食回来,我观察到这只毛虫花了40分钟在叶片上的栖息处来来回回、上上下下地扭动着那舒展开的身体,并且在最终摆出那副通常的歇息姿态之前,它还又多转了两圈。整个过程中,它的头就好像是将它周围的叶片表面彻底刷过一遍似的。我推测它在叶片上织了一层丝,但是我以肉眼很难看清楚是否有丝。尽管如此,我还是拍了一些照片。照片显示叶片上有细细的纤维闪闪烁烁,这证实了我的推测是对的。有些种类的毛虫,例如天幕毛虫(tent caterpillar)和美国白蛾(fall webworm)毛虫,它们会集结一处吐丝织网,以作为提供安全和保暖的庇护所。但眼下这不是丝网,是覆盖在叶表的几乎隐形的一层丝。这只虎纹凤蝶毛虫栖在一层几乎看不见的丝之上,这很可能会让它更醒目,同时它在歇息地和觅食处之间往复的移动也令它暴露无遗。

不管它这个丝制软垫有何用途,总归得有一个益处吧;又或者是吐丝的生理机制,在叶片上织丝、以及往返于丝制软垫和他处之间的行为没有得到进化。这是一种令人费解又独特的行为,它唤起了我深藏已久的对毛虫之魔力的美好记忆,这也许可以为我提供些见解。

我以前曾经捕捉并饲养过毛虫,有几只我至今都还记得,因为它们的品种稀有、外观亦与众不同。然而,没有一只毛虫有眼下这只的行为方式。我曾有一只大蚕蛾(io moth)毛虫——它通体鲜绿,体侧有鲜红条纹——我那时还是一个小男孩,在缅因州农场我家那块牧场里一处

图2.1　我当场绘制的烟草天蛾毛虫素描,它正在食用曼陀罗花的叶片,地点为加利福尼亚州的莫哈韦沙漠。

低矮的灌木丛中找到了它;还有两只在一株榆树上发现的四角天蛾 (sphinx moth)毛虫(一只棕色的,一只绿色的)。通常我拥有的是那些 常见的长尾水青蛾(luna moth)毛虫、天蚕蛾(cecropia moth)毛虫、多音 天蚕蛾(polyphemus moth)毛虫,还有许多种类的天蛾科(Sphingidae)毛 虫、夜蛾科(Noctuidae)毛虫、舟蛾科(Notodontidae)毛虫,以及各种蝴蝶 (也包括虎纹凤蝶)的幼虫。我找到并饲养的毛虫都很漂亮,不需费心 费事地打理,便可期待它们蜕变带来的惊喜。

在加州大学洛杉矶分校攻读博士学位时,我只饲养过单一物种的 毛虫:烟草天蛾($Manduca\ sexta$)毛虫。美国南部的烟农视之为害虫,各 地种植番茄的农民也都很厌恶它们。我曾在缅因州自己的花园里见过 它们,能在加利福尼亚州的莫哈韦沙漠再寻到它们我还挺兴奋的。它们 以加州当地一种开喇叭状花的植物为食,即曼陀罗花($Datura\ stramoni$-um),别名疯茄儿,其致命的毒性众所周知,也是一种强烈的致幻剂。

显然烟草天蛾毛虫可以突破曼陀罗花的生化防御机制。我经常能 看见好几只烟草天蛾毛虫聚生在同一株低矮的曼陀罗花上,每只毛虫 都快赶上一只美洲山雀重了,而且那株曼陀罗花压根就没几片嫩绿的 叶子了。曼陀罗花分布零散,植株间距可达几百米远,这使得烟草天蛾 毛虫不大可能在吃光一株曼陀罗花后横跨滚烫的沙漠去寻找另一株。

烟草天蛾毛虫又是如何在沙漠那干燥酷热、艳阳高照的环境下成 功保持周身粗壮、丰满且不脱水的呢? 我那时刚开始读研究生,亟需一 个论文课题,那一整年我都决心满满地工作,试图在毛虫保持水分的生 理机制方面寻得科学上的新发现。但我没有找到任何诸如此类的发 现,尽管那时我有架微量天平可用,我在不同的温度和湿度下为毛虫进 行实时实地称重,记录它们体重减轻的数值,并绘制成动态带状图。但 是一旦它们开始移动,失水情况就立即加剧。在高温天气下,当毛虫们 离开植株来到天平上称重,它们总是动来动去的。由于植株水分状况对毛虫失水的影响无法完全剔除，我也很难了解到它们日常栖息于植株上时的失水状况。另外，相对湿度也难于控制，并且毛虫经常排泄。没有找到任何如我所期待的发现，我放弃了这个研究课题。事后想来，也许烟草天蛾毛虫成功适应环境的秘诀就在于它们的行为方式，但我当时对此疏忽了。

在沙漠里，烟草天蛾毛虫几乎总是躲在曼陀罗花的叶片之下，以之为食，也以之为遮阳板。这样可以保护毛虫免遭日光直射，也大概能够通过减少对流作用而降低它们的水分流失。为了更仔细地研究毛虫处理叶片的方式与叶片形状之间的关联，我在易于种植的烟叶上养了些烟草天蛾毛虫，这样可以将它们放置在不同形状和大小的叶片上观察。我惊奇地发现：当毛虫依附在叶片基部的叶柄上时，无论那是一大片卵形的叶子还是一条细长的叶片，它们都会将整张叶子吃光，而叶片长度通常都是烟草天蛾毛虫身长的好几倍。毛虫就在原地进食，不会浪费食物也不丢弃叶片的任何部分；与此同时，它们躲在还未啃食到的那部分叶片的下面，以之作为遮阳伞，避免日光直射。烟草天蛾毛虫这种行为的关键点也很容易理解：毛虫用身体后部的抱握器紧紧抓住叶柄，同时以3对腹足在叶片上移动身体的前端，仅当够到力所能及的最远处，如叶片尖儿时，才开始享用。只有这样毛虫才能保持附着于叶柄，同时边食边退回到叶基，吃光整张叶片。由于叶片是这些毛虫仅有的水源，并且被用作遮蔽物阻挡光照、防止脱水，毛虫食用起来便十分节俭*。

---

* 任何时间点上，该研究都似乎是一项失败之举。烟草天蛾幼虫进食的目的究竟是为了在沙漠炎热干燥的环境下维持水分平衡还是为了生长，我花了两年的时间也没能作出明确区分。这些反倒是催生出了另一些关于天蛾（蜕变自这些毛虫）的研究课题，并最终引导我在昆虫体温调节机制方面有所建树，发表了重要的著作，详情请见下一篇《热血蛾与冷血蛾》。

我将毛虫进食行为方式的研究结果发表在顶级期刊《动物行为》（*Animal Behavior*）上面——这是我有关动物行为研究的第一篇学术论文。但真正的奖励回报被证明来自此项研究的副渔获物：那些毛虫蜕变成了蛾子，引导我发现了一种新的生理机制，其他种类的昆虫可以借此机制调节体温。这个发现引出对现象的阐述，也为我的研究开启了许多扇门，令我接下来几年乐此不疲，也就将毛虫们抛诸脑后了。

关于毛虫如何食用叶片以及进食行为对毛虫生存之意义的阐述，经由一次很随机的对树叶的观察而再续前缘，地点就在位于艾塔斯卡县的明尼苏达大学实验站。我恰巧从一棵椴树下经过，它的主枝伸展开来遮住了一条人为开辟道路的上空，正好还掉了几片鲜绿的叶子在路上。那时正值7月，不曾有风暴来袭，那么不管发生什么，鲜绿的树叶都不大会掉下来的。我检查了这些落叶，发现每片叶子都有一边出现状如新月的缺失，且那边缘是光滑的，不是锯齿状的。再进一步的查看结果更令人惊奇，大多数落叶的叶柄也都不见了。叶片基本不会因为叶柄折断而脱落，因为叶柄是整片树叶中最具韧性的部位。一项非直接的证据反映了真实情况：有一只毛虫曾吃过这些叶子，然后将残余部分**丢弃**了。随后我找到了这只毛虫。那是一只裳夜蛾（*Catocala*）毛虫。当它啃食叶片时我观察它并为之拍照，但见它后退回来，不停地啃咬那粗粗的木质叶柄，然后爬下叶片躲藏起来，以树枝为背景伪装自己。待它休息够了也消化完了，毛虫就爬到另一片树叶上吃下一餐，重复刚才的进食行为。

我如今又开始有规律地观察起这些我久未留意的现象了。任何一条在落叶林间开辟出的小径上都可见诸如这样的来自不同树种的落叶，罪魁祸首正是各种各样的毛虫，包括许多天蛾科的毛虫，但就是没有烟草天蛾毛虫。

　　与沙漠中以曼陀罗花为食的烟草天蛾毛虫不同,以树叶为食的毛虫即使"浪费"了些许叶片组织也没什么本质性的食物损失成本,因为附近总有另外一片叶子可享用。然而,那木质的叶柄缺乏营养成分,啃咬也浪费毛虫的时间和精力,付出这些成本总得能换取点什么吧。现在我们知道了,这种行为获益颇大——可以为毛虫保命。对鸟类进行观测和实验的结果有点出人意料,就像我自己捕捉毛虫时采取的策略一样,鸟类可以从叶片的损坏状况中读到线索来定位毛虫的藏匿之处,否则毛虫几乎是不可见的——因为毛虫有着高超的拟态本领,能伪装成各种不可食用的物体,如树皮、小树枝甚至是叶片的一部分。反过来,在这场毛虫和鸟类的军备竞赛中,鸟类也进化出了一系列反策略。在实验室和野外的条件下,冠蓝鸦和美洲山雀均可表现出学习能力,不仅能将毛虫和其造成的破坏关联起来*,而且可以针对叶片损毁情况加以区分,以判断吃了这片叶子的毛虫味道是否鲜美。另有一种假说认为,毛虫要丢弃那些在进食过程中沾染了其气味的叶片,以防引来寄生虫。不管怎样,那些鸟类不喜食的毛虫就无需掩盖自己进食留下的破坏痕迹。相反,那些以毛、刺和鲜艳颜色惹人注意的毛虫就是一群在日间进食、也不躲藏、速战速决的邋遢食客,身后留下一片狼藉。对这类毛虫来说,除掉进食的证据可能有、也可能没有什么益处,但终归益处

---

　　* 单就鸟类觅虫的行为对比,以诸如"可食—不可食"的理论来解释行不通。但我想要证明这是自然选择在鸟类取食行为方面起了作用。科林斯(Scott Collins)和我在几年后开展的一项研究中找到了证据。研究是在我位于缅因州的小木屋处一个大型鸟舍里做的,研究对象是从野外捉来的黑帽山雀(*Parus atricapillus*)。在实验中我们使用了小型落叶树,一些树有被啃食过的叶子,另一些树则没有。我们发现,如果山雀此前曾在其他具有相似啃食痕迹的树上找到过毛虫,它们就学会了有选择地到被啃食过的树上寻找食物。接下来,在和其他研究者的合作中,我们证明冠蓝鸦可学习分辨屏幕投影仪上的叶片形象,区分出被毛虫损毁的和未被损毁的叶片。另外,冠蓝鸦还能分辨出啃食叶片的毛虫是味道鲜美的还是不那么好吃的。

不会超过付出的精力成本,也就不足以形成一股强大的进化压力了。

　　我在缅因州小木屋附近观察到的虎纹凤蝶毛虫以树叶为食——通常为美国黑樱桃树、杨树、桦树和苹果树树叶。与以草本植物为食的烟草天蛾毛虫不同,虎纹凤蝶毛虫应该是会在进食后除去那些树叶的,同时没有因为损失食物而招致不利。然而,和其他种类的毛虫一样,它们也要解决被捕食的问题。我观察到这只毛虫有些许如下行为。在进食中,若遇树叶因风拂过而唰唰摆动或以各种方式转动,它都丝毫不受干扰。但是,尽管它总是不理睬我在其周围环境里的视觉性存在,只要我触碰一下枝干,它就立即弓起身子摆出防御性姿态。这种识别能力可令毛虫探测到落在其近处的鸟类或捕食性昆虫,它们所造成的起伏振动和由风所致的动感还是有区别的。

　　各种毛虫在面临捕食者威胁时的反应千差万别,包括多样的移动

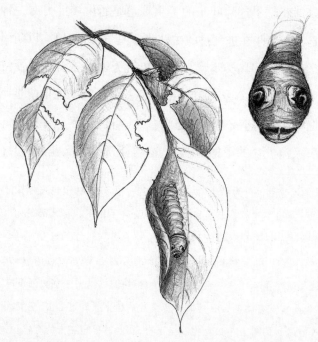

图2.2　虎纹凤蝶毛虫待在它的栖息地,通常它的进食地点离栖息地有一定距离。右边的特写照片显示的不是毛虫的头,而是它的身体前端,可以模拟成蛇头。

方式和改变物理外观。虎纹凤蝶毛虫就有很多种策略。当虎纹凤蝶毛虫还很小时,它们白中掺杂灰色斑点,拟态酷似鸟粪。完成第三次蜕皮后,当它们通体闪着冷冷的绿色时,身体前端就会变得圆鼓鼓的,那里还很张扬地生出一对引人注目的眼睛般的装饰。它们应对轻度危险警报时会把头塞进前端藏起来,模拟成一个青蛇的头。那双假眼显著地增强了拟态的效果。

无论是从形态学上还是作为一种备选性行为,模拟成蛇的外观在其他毛虫(包括天蛾毛虫)身上也有所体现。具体表现各有不同,取决于毛虫所属的种类:伪装出来的"蛇头"可能在毛虫的前端,也可能在后端。因此这种模拟蛇的行为很可能有多个进化上的起源。对于虎纹凤蝶幼虫来说,使其拟态效果更加逼真的是它们能伸出一个分叉的、浅色且有皮肤质感的乳突,像极了一个分叉的舌头,这也许是虎纹凤蝶幼虫一种十分独特的选择。

这些外翻着的、来回摆动的"舌头尖"被称为"丫状腺"(osmeteria),其作用并非只是制造视觉效果以震慑那些惧怕蛇的鸟类,它们还起到化学防御的作用以抵挡其他潜在的捕食者。毛虫是诸多种昆虫寄生虫和捕食者首要的猎捕对象,化学防御是一种行之有效的手段。当丫状腺外翻时,它们释放出的化学武器就好似女巫秘制的有毒臭气。气体内包含的已知化学成分有单萜烃(monoterpene hydrocarbons)、倍半萜烷(sesquiterpenic compounds)以及脂肪酸和酯的混合物。这些化学物质可以驱逐蚂蚁、蜘蛛和螳螂。我们人也会觉得那味道刺鼻。我估计当冠蓝鸦或维丽俄鸟试图去抓这样一条毛虫时,它们会立即将所见的蛇形外表和真正的化学刺激威胁联系起来。

尽管这只虎纹凤蝶毛虫也是以树叶为食的,但它从不除去或最小化它进食留下的残叶。因此,进食之后它返回丝质软垫就不大可能是为着要远离残羹冷炙的现场。那些生活在北方地区的凤蝶毛虫栖息在叶片上晒晒太阳,这样会增进日光吸收、降低对流冷却,以维持一个较高的体温,助其消化促进生长。能如此享受生活的毛虫不多,因为很多树木的叶片都有着油光锃亮又坚硬的外表皮,包括凤蝶毛虫通常赖以维生的树木——比如樱桃树、梣树和桦树。为了能稳稳地待在叶子上,大多数毛虫需要紧紧抓住叶柄或者叶缘。也许这只虎纹凤蝶毛虫的丝质软垫在叶表为它提供了一个稳固的立足之处,当有强风过境,终不至于流离失所。当然我对此不能完全确定,因为还没有通过科学的检验;但我深信织丝行为不是随机产生的,它一定具备某种实用功能。没人知道老虎如何生得出那些花条纹,但我们总可以试图去了解花条纹对其生存的意义。

热血蛾与冷血蛾

曾以《错误的假定——关于温度这件事》为题发表
《博物学》,2015年10月

　　它看起来像一只极小型的蜂鸟,但那是一只涅索斯天蛾(Nessus sphinx moth),是北美洲45种天蛾科昆虫中的一种。两条鲜艳明亮、如马蜂般黄色的条带横穿过天蛾深色的腹部背面,与巧克力棕和浅黄褐色相掺杂的精致花纹底色形成了强烈对照,这一特征十分惹人关注。涅索斯天蛾——和几种、但不是全部的天蛾科昆虫一样,在化为蛾子后就很奇特地趋同演变成蜂鸟的样子,尽管我在缅因州西部我那间小木屋附近所见的那只索涅斯也可以说它像天蛾与马蜂结合的产物。索涅斯天蛾形似蜂鸟,不仅在于它那短小肥硕的身材和螺旋桨般的翅膀,还在于它的腹部底端长了条和鸟一样的短尾巴。而且,跟大多数天蛾科昆虫不同的是,索涅斯是日间活动的。这种天蛾最令人惊叹的特征是它的"舌头"。

　　蜂鸟那又长又坚硬的喙已经进化得能够广泛吸食各种长管状花的花蜜。这种喙跟其他鸟类的喙一样,由上颌骨和下颌骨(等面部骨骼突起)组成。天蛾身上相当于鸟喙的器官是吻管,由一对颚发育而来;对大多数昆虫而言,上下颚构成了可横向移动的口器,具有啃咬和咀嚼功

能。但是蛾类可不像蜜蜂和蜂鸟,它们的那对颚之间没有舌头。取而
代之的是,这对颚已变得永久地嵌合在一起构成封闭的管道,最终成为
一根吸管。有些种类的天蛾成虫不具备这样的结构,故无法吸食长管
状花的花蜜;但另外一些天蛾成虫生有颚进化成的吻管,其长度可达它
们身长的3.5倍,即可像蜂鸟一样采食了。

这种长长的舌状吻管可令某些天蛾成虫采食到连蜂鸟都无法够得
着的花蜜。显然,对蜂鸟而言,其前端突出一个一英尺甚或更长的鸟喙
固然有获得花蜜的潜在益处,但也要使它们付出不小的代价。同样,天
蛾成虫生了这么长的吻管要承受的代价也不会太小,除非它们另有高
招:它们能将整条"进食装置"紧紧地卷成一团,塞在"下巴"底下,需要

图2.3 手绘盘旋中的白条天蛾(*Hyles lineata*),地点位于安萨波列哥沙漠。我观
察到它们正在取食莨苔(*Beloperone californica*)花蜜,时值凉爽的夜晚,它们的肌
肉温度却非常高。

时就会立即伸展开,操作起来十分精准。天蛾这种高度进化的装置和蜂鸟的喙是完全不一样的,因为这两个物种均是沿着各自的特化之路渐行渐远的。选择压力只能作用于已有的特征之上。每种特化可以在已有特征之上改进,而不是使之变成一个全新的设计。这些天蛾成虫和蜂鸟发生了趋同进化,因为二者都吸食花蜜,这就使得植物也发生了进化以回应天蛾成虫和蜂鸟的采食——此三者开展了一场漫长的共演化军备竞赛。

1862年,当达尔文(Charles Darwin)研究兰花时,他收到了大彗星兰(*Angraecum sesquipedale*)的标本,这是一种1798年在马达加斯加发现的兰花。大彗星兰极长的花距——即从花的开口到花蜜的一条细管——令达尔文印象极深,并预测必定有一种天蛾为之授粉。在当时,达尔文受到了嘲弄,但他的观点在1903年得到了证实,身为博物学家的罗思柴尔德(Lionel Walter Rothschild)男爵和在伦敦特灵自然博物馆工作的乔丹(Karl Jordan)在马达加斯加发现了这种天蛾。这种大型天蛾被命名为非洲长喙天蛾(*Xanthopan morganii praedicta*)。

达尔文关于大彗星兰授粉者的深刻洞见是基于这种植物和天蛾科昆虫的形态学,但对驱动授粉的潜在能量交换——即热力学或称生物热力学——的机理尚不清楚。植物进化成需要以花蜜/蜜糖的形式投资生产可提供能量的食物,来吸引和奖励授粉者。然而,各种各样的动物都喜欢花蜜/蜜糖,而它们也很可能只是热衷于取食却无法帮助授粉,从而导致花蜜存储量降低,阻止或排除其他可为潜在授粉者的动物。因此,大彗星兰需要再投资一条花距,使其足够长,将盗蜜贼拒之门外,同时奖励授粉者。

花距越长,大彗星兰的授粉者排他性就越高。关键是植物要确切地提供花冠形状、颜色及气味等花朵信息作为招徕之物;否则,授粉者就会通过经验习得忽略这些标志。花距越长,专门为授粉者准备的食物能量就越高,就会积累更多的花蜜,从而产生对能量有更高依赖性的授粉者。从另一个方面来看,更多的能量积累使得那些体形更大、舌头更长的天蛾被选择,这些能量也有助于它们盘旋和长途飞行。也就是说,天蛾长距离飞行为分散分布的植物授粉,在能量供应方面是可行的。然而,在对那些花冠小巧、花蜜含量低的植物的竞争上,长舌头确实使这种天蛾处在劣势地位,这些植物更适合由那些短舌头的昆虫来授粉。

达尔文时代未知的因素还有生理学方面的影响、产热机制以及体温调节,这些都是理解"授粉者—植物"等式的重要变量。昆虫的运动——和所有动物没两样——依靠肌肉的收缩,而肌肉收缩会产生热量。通常昆虫被归类为冷血动物,尽管人们发现有些昆虫可以使自身体温升高。在我职业生涯的早期,在1969年的一项研究中,我于一个寒冷的夜晚在加利福尼亚州安萨波列哥沙漠对白条天蛾的肌肉温度进行测量,当时它们正游走于花丛之中,测量结果令我大吃一惊。我捉到并卡在热电偶上测量的第一只白条天蛾其显示读数为44摄氏度,以人类正常体温约37摄氏度为参照,这肯定不能算"冷血"了*。

和脊椎动物一样,昆虫的"热血"既是它们活动的直接后果,也是能够活动的根本性必要条件。肌肉升温是由于肌肉收缩时的副产品——热量所致;肌肉必然已经适应了在临近某个温度值时工作运转,因为在长期的进化过程中,它们始终要在机体活动时承受一定的温度。因此,在开始活动之前,体积较大的蛾类和其他大型昆虫就必须现场震颤预热才能飞翔。体积大小至关重要。

仅在体积不同的情况下,体形庞大的动物被动散热要慢于体积小

---

*这项发现是惊人且出乎意料的,因为很大程度上昆虫被认为是冷血动物,因此相对于鸟类、哺乳动物等"高度"发展的动物而言,昆虫也许有点低级。这项发现奠定了我此后20年的研究轨迹,一条崭新且多产的研究道路。

巧的动物。此外，当体积固定——所有其他因素（例如隔热）等同的情况下——冷却速度与研究对象和周围环境的温差成正比。天蛾科昆虫体积相对较大，每秒可收缩它们那结实的飞行肌30至60次；它们在夏季十分活跃，在热带地区最为常见。因此，由于自身的新陈代谢率，天蛾科昆虫比其他动物更"热血"；并且，它们和我们人类在热力学相关的问题和特质方面有些共同之处。

我们是在一个炎热的环境中进化而来的，在追逐食物时，剧烈且持续不断的产热过程生出内部热量，使人类负"热"而行。我们进化出一套极佳机制，通过排汗除去人体多余的热量。一些昆虫也进化出稳定（调节）体温的能力，以摆脱多余的体热，而不是简单地降低身体产热速率，此机制即能量输出。

有些沙漠中生活的蝉可通过体表的腺体排出液体，当它们从事鸣叫这种肌肉高度活跃的活动时，有助于降低身体的温度。这些"汗液"间接地来自植物汁液，而汁液由植物深扎于地下的根系吸收土壤水分而来。蜜蜂则另辟蹊径：它们会反刍花蜜，通过舌头蒸发部分水分，类似于狗的散热方法；或者过热时，它们借助前腿将花蜜在胸部涂抹开来。如我所见，以上两种散热方法天蛾科昆虫都做不到；但它们却通过其身体构造和生理机制，既在实践方面也在字面含义上得以和那些热血动物平起平坐。天蛾能将正在运动中的飞行肌产生的多余热量转移至腹部，如同汽车的散热器可以防止引擎过热那样。

有些种类的夜蛾科成虫为夜行性，专事在初冬和早春时节四处活跃，可能想借此躲避鸟类的捕食。夜蛾科成虫和天蛾科成虫在热力学机理上是截然相反的，因为前者的体积小得多，且它们飞翔时节的气温有时已然接近纯水的凝固点（即0摄氏度）。研究证明，这些夜蛾之所以能将大部分热量保留在飞行肌附着其上的胸部，并阻止热量外泄，其生理结构至关重要。它们的胸部生着毛茸茸的隔热装置，还有两条逆流热交换器。一条可减少从胸部到头部的热量损失,另一条几乎阻断了热量流进腹部,因此得以使热量保存在胸部,维持飞行肌正常运作。然而,还有其他体积更小的在冬天飞行的蛾类,如尺蛾科的一些物种,它们的体积是如此之小以至于几乎完全不能使身体热起来。它们已经进化出一套完全不同的策略来解决同样的飞行肌运作难题。

每年10月和11月,当我们开车驶过林区,向来可见这些其他种类的"冬蛾"绕着我们的车前灯飞舞。令人惊奇的是,它们飞翔时的体温和外界气温是一样的,甚至可以低到纯水凝固点。这是怎么实现的呢?答案再次是这些蛾类的肌肉已经适应了它们所经历的低温环境,它们的能量输出又很有限。它们有作用如风帆的巨大翅膀,体态轻盈,只需稍许努力即可保持飞翔的状态。这些蛾类不会产生太多的热量,就算能产热也无法将大部分热量留住。有趣的是,在我们车灯前飞舞的每一只"夜蛾"都是雄性。为什么呢?因为雌性没有翅膀。外观上它们特化为幼虫形态,因负荷虫卵而体态肥圆。

我之所以提及昆虫在体温调节方面的这些革新,是因为考虑到它们通常较小的体形、所能胜任的大量运动,以及无论是在过冷还是过热的恶劣环境中它们都能保持活跃;更令我赞叹的是,与我们这些所谓的拥有进化优势的热血动物相比,许多昆虫可以调节比人类还高的体温,而且效果出人意料的好。这并非说大部分昆虫在多数时候不是冷血的。对所有昆虫而言,使自身体温和外界温度相一致是惯例做法,就连最热血的昆虫也是如此。就如大多数脊椎动物对体温实行管控一样,昆虫调节体温通常也可视作一种节约能量的适应性行为。

这项神奇的举动并不是大多数昆虫在大多数时间都在做的。这只是某些昆虫在某些时刻才有的行为。若忽略了这些差异,就好比是假定原始人类只能依靠行走来移动,因为从统计学上来看——几乎是在任何时候——行走都是最常见的运动方式。

似羊毛且奇妙的蚜虫

《博物学》,2016年2月

　　那是11月初,我眼见一个小圆点在我四周漂浮盘旋。它在黑暗的森林背景下闪耀着白色。彼时没有一丝风过,但这个小点却时而右时而左、上上下下地游移着。令人迷惑的是,这个闪亮的小白点很显然是自行推进的,我环顾四周就看见了另一个小白点,然后再一个,几分钟后,又来了一个。因为我离得如此之近,我知道它们比那些夜行性的夜蛾小得多,也远不如每年此时节便不分昼夜微微振翅的细弱尺蛾大。那些小点实在太小了,以至于我看不太清楚它们是否有翅膀,但凭其动态我还是得出了肯定的结论;它们只能是昆虫而非它类。我伺机而动,趁它们靠近便成功地抓住了3只。在我手心里没看到太多东西,只有小小的翅膀和一小摊深色糊状物——然而,对我来说足以认出它们是蚜虫了。但11月还有蚜虫在飞就显得奇怪了,这个时节每晚都有霜冻和一定的降雪概率。

　　体呈白色表明它们可能是桤木蚜虫(*Prociphilus tessellatus*),周身被有轻柔纤细似羊毛的白色蜡质纤维。没多久我就发现了几簇桤木蚜虫挂在桤木的细枝上,每一簇都像是枝头覆盖着的一层雪,也像是某种蘑菇或是霉菌感染了枝条。每簇蚜虫都紧密地堆积在一起,附在枝头越冬,经受风吹雪打。一到夏季,蚂蚁就将这些蚜虫保护起来了。蚂蚁好像"挤奶"似的从蚜虫那里得到蜜露,它们用触角戳击蚜虫,使后者释放出一种肛门分泌物——植物汁液的滤液。蚜虫需要氨基酸来制造蛋白质,但当它们在树枝上吮吸汁液时,也吸进了多余的糖类。蚜虫不需要这些糖类,它们过着低能量消耗、固着性的生活,极其有效地黏附在同一个地点,繁衍了一代又一代。

就我所能追溯到的记忆,自己向来可见这样一小片白色的好似休眠状态的蚜虫群落黏附在桤木的枝头,而我没怎么关注过。但时值11月份,这种白色的、柔软的、生着翅膀的蚜虫围绕着我在空气中飘舞,这也许是一个令人兴奋的故事,我得以窥见一斑。

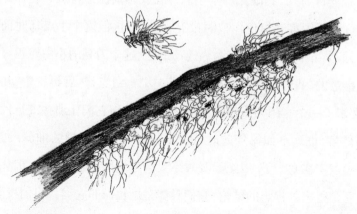

图2.4 依附在细枝下表面的一处蚜虫群落,共计约40只蚜虫,并夹杂许多只若虫在其间(图中显示4只)。所有的蚜虫成虫,包括一只生有翅膀正在飞翔的蚜虫,均体被白色蜡质细纤维。

我像对待宝贝似的把这十分重要的标本带回了我的小木屋——我将3只被压扁了的蚜虫小心地放进一张便笺纸,揣进我的口袋;一起拿来的还有一条小树枝,我在那上面发现了一个附着的蚜虫群落。借助放大镜,我可以肯定这些飞翔的物体就是生了双翅的蚜虫。我有点期盼着在屋内暖和起来后群落里会有其他蚜虫飞出来;但我把这个群落放在小木屋里一整天了,都没见这簇蚜虫有任何移动的迹象。当我拆解这个群落时,我剥去了那些白色、细长而稀疏的蜡质表层,眼前呈现的是15只又圆又短且胖的点状生物。它们都是无翅、深蓝色的蚜虫,生着细弱的腿;那细腿可能没什么用处,甚至以之爬行都很难。相对于我那天抓到的有翅蚜虫,这个群落里的蚜虫体形颇大。我还发现了22条小到几乎需要借助显微镜观察的无翅若虫。它们见缝插针地藏匿在蚜虫成虫之间。这些若虫很可能最近才由母体生出(或由卵孵而来),它们待在群落里本欲越冬来着。

看来这个群落就是这些若虫发祥与栖息的避风所,可助它们来年开春时节满载起步优势。所有这些体形较大、胖嘟嘟的无翅蚜虫应该都是雌性成虫,整个夏季和初秋时节它们都在群落里扮演了母亲的角色,是蚜虫那神奇的无性生殖(也称孤雌生殖)的生命循环的参与者。然而,在经历许多代无性生殖之后,新生若虫发生了生理性改变:它们长出翅膀,有性别之分了。一些周遭环境的变化——日照时间缩短、气温降低或食物减少——均可引发蚜虫生殖上的变化。我瞧见并抓住的就是这种难得遇见的有翅、有性别之分的蚜虫。

这些有翅蚜虫未必是从我发现的这个群落里飞出来的——但它们应该是来自一个差不多这样的群落,并且很可能是几周前产出来的。它们曾试图,而且可能还在寻找配偶或是一个可以越冬的栖息处;对于雌性蚜虫来说,它们或许还要找寻另一株可以附着的桤木,遂成为一个群落的母亲,准备好在春天到来之际开启新的生命循环。这就是关于有翅蚜虫的故事。

这个故事本可能就到此为止了。但随后我意识到有些奇特之处。这个我于11月某日从枝头取下的蚜虫群落已经有一批若虫在群内了(也许母亲是无性别蚜虫),同时在现场可见那些有翅的类型(成虫有性别分化,散布在外)。这些若虫将会在来年春天发育为成虫,但未必能够飞走。它们也许就继续依附在桤木枝头,那里正是它们的母亲、外祖母以及曾外祖母"长大成虫"的地方。这就意味着这个群落不是短暂的实体,而是一个多年生的群体,该群体定期向外散布有性繁殖个体,它们到其他地方开始建立新的种群。为什么桤木蚜虫不像其他种类的蚜虫那样,间或过着一种半集体式的生活,只是由于成虫在同个地点单性繁殖而自然而然地聚集在一处呢? 桤木蚜虫看上去就像是精心刻意地密集排列在一起,由于那层厚厚的白色蜡层掩盖了个体的存在,使得它们格外像一个集体。在过去的那些冬天里,我一向可见这些外表被白的蚜虫群落,却从没疑心过群落里还有若虫存在。

我发现了蚜虫在年周期终结时是何等状态,受此鼓舞,我对蚜虫产生了新的兴趣。翌日,我密切注意寻找这些蚜虫群落。凭借脑海里的搜寻形象,我几乎是立即就找到了一个又一个蚜虫群落——总共有32个。一种模式浮现出来。尽管在通常情况下,一处桤木树丛只由一个蚜虫群落占据,但附近也总能找到另一个。我发现的一处桤木树丛有多达10个群落。基于我拆开的6个群落,每个群落里的蚜虫数量浮动区间较大,从9只到213只不等。没有一个群落包含了有翅蚜虫,但所有群落里都有若虫,其数量几乎是成年雌性蚜虫的两倍之多。这些若虫同样都是极其微小的。这些观测结果证实了我的想法,即一个蚜虫群落成长所需的时间跨度远不止于一个季节。但这些群落是如何能够持续存在的呢? 那层白色的柔毛般的蜡质是否与蚜虫群落的生存模式有关联呢? 这种不同寻常的蜡质得以进化,它必定要为蚜虫提供某些优势。那优势又是什么呢?

这层蜡能把那些肥嘟嘟的蚜虫掩藏起来也许并非偶然。我没看到任何迹象表明某个蚜虫群落被破坏过。这种白色物质在鸟类看来也许确实和它通常的捕食对象是如此不同,以至于将之忽略。倘若没有忽略,并且某只鸟也的确吃了一小口这团包在一起的蚜虫,它会首先尝到蜡的味道并感到厌恶。我舔了一下,这层蜡没什么味道,而且也似乎是无毒的。然而,它可以保护蚜虫免遭捕食,这点可由进化成以群落中蚜虫为食的毛毛虫和草蛉间接证实——蚜虫用蜡质来伪装自己。

这显得有点奇怪,这层蜡质令蚜虫群落如此醒目,却起到防御捕食者的作用。达尔文曾琢磨过缘何被捕食者有时反而是如此醒目的,长期以来这是一个谜。现在我们视这种醒目的生物天然色彩为警戒色,或是一种警告——正如明亮多彩的标记是有毒昆虫的特质、捕食者很快就习得躲避一样,蚜虫群落所被之明亮的白色也许是在提示捕食者这东西不好吃。又或者,这团白色的物体远远看去跟雪或者霉菌很相似,就没必要看上第二眼。但我很高兴我确实还是多看了一眼,发现了些有趣的事情:时值11月,若虫和母亲蚜虫在同一个群落内,另有生翅蚜虫飞其左右。

冬日来客

《博物学》,2001年2月

　　甚至是在小木屋还未完工之时,我就能看出它具有潜力。布博*,我那只驯服的大雕鸮就栖息在木屋某根椽子上,而不是待在外面森林里,那儿有冠蓝鸦烦扰它。同样地,只要我一跨进木屋门阶,6月里那群吸血的黑蝇和牛虻就只能停止对我的穷追不舍了。夏末时节,除了几只迷途的牛虻出没于此,小木屋是一处庇护所。然而,当冬日悄然而至缅因州的森林时,小木屋就格外吸引当地的野生动物,许多动物将我的避风港当成了它们自己的栖息处。作为一名建造木屋的新手,我在建筑结构方面有诸多失误,其中最大的失误便是我没料到会有如此多的冬日来客到访——成千上万的客人。

　　在哺乳动物中,常年都来造访的客人包括几种常见的烟鼩鼱、姬鼩、红背䶄,还有最后提到却同样重要的大量的鹿鼠。就我而言,我欢迎所有的来客,除了当中最机灵的鹿鼠。通常,鹿鼠待在树洞和其他裂缝里越冬,在那里它们营造了舒适的窝,成群地蜷缩在一起取暖。自打建造小木屋起,我就竭尽全力用麻絮—— 一种剑麻纤维,多用于木船

---

　　*原文为Bubo,既来自大雕鸮的学名 *Bubo virginianus*,又同人名"布博",有双关含义。——译者

上堵住漏洞——塞住所有我能想见的豁口,但鹿鼠似乎还是能轻易地钻进小木屋。显然,这些鹿鼠能从细小的孔隙钻进来或是通过拔出原木间隙里的剑麻塞子来创造豁口。在这件事上它们得到了比其更大更强壮的鼯鼠的协助。鼯鼠用那些剑麻纤维去给它们越冬用的巢穴做里衬,巢穴依自然形成的树洞而建,或者就在我主要是为其他动物提供的鸟巢里。

每一个冬日的夜晚,我都能听见成帮结伙的鹿鼠在我头顶上蹿下跳,就在金属屋顶材料和用作绝缘的舒泰龙泡沫塑料之间的空当里。间或它们的脚步声停止了,我都能听见鹿鼠在嘎吱嘎吱地啃碎那块泡沫塑料。白色的舒泰龙泡沫塑料碎薄片跟雪花似的纷纷坠落到床头和地板上。一旦进了小木屋,这些鹿鼠就撕碎衣物拿去铺巢穴,将花生遗弃在我床上,还在干货堆上掘洞往里钻。我也下意识地觉得鹿鼠传给我疾病的可能性增大了。假使我设下陷阱,通常每晚可捉到多达4只鹿鼠,但永远都有更多只在我的木屋里自在逍遥。鹿鼠和鼯鼠的联手努力也似乎给"大部队"进入木屋提供了主要途径。

"大部队"在冬天到来,待在小木屋里总是暖和又舒服的。"大部队"主要由粗野粉蝇(cluster fly)组成。根据奥尔德罗伊德(Harold Oldroyd)

图2.5 布博,我那只驯服的大雕鸮。

的"蝇类宝典",即 1964 年出版的《蝇类博物学》(*Natural History of Flies*),粉蝇属(*Pollenia*)有几种体形强健的蝇类,它们在体积上多为家蝇的几倍。粉蝇属来自丽蝇科(Calliphoridae),也有人俗称"肉蝇"。本土的蝇类蛆虫以死亡动物的腐肉为食,但光顾小木屋的蝇类主要是粗野粉蝇,引自欧洲,其蛆虫寄生于活的蚯蚓身上。粗野粉蝇体形偏大又布满刚毛,相对于本土的绿头大苍蝇(它们从来都不钻进我的小木屋)身被闪着金属光泽的绿或冷调的蓝,它们一点都不漂亮。

秋天,粗野粉蝇成群地聚在木屋外面的原木上晒太阳。当天气开始转凉,它们便通过缝隙悄悄地钻了进来。时至 11 月,大多数粉蝇都已经成功入驻了,但多数时间还保持着低调不招摇,除非我在柴炉里生起熊熊大火。然后它们就从那些裂缝里倾泻而出,大约一小时后,如果外面还有日光,粉蝇便会密密麻麻、嗡嗡嘤嘤地把那八扇窗子全都糊上,集体制造出嘶嘶之声。它们显然把气温上升当成春天来了,直奔窗户上的日光,这是它们即将飞离木屋的信号。即使是在最寒冷的时日,我一开窗,它们就冲出去,飞不了多远就被严寒所牵掣,无法再动弹,掉坠在雪地上。山雀就享用了一顿美味大餐。在遭遇缅因州冬季的寒冷时,从生理学角度看,这些粉蝇是颇能够忍受低温的。在实验室条件下,我已经发现如果降温过快,一些粉蝇在零下 20 摄氏度即死于寒冷;而另一些则在温度由零下 10 摄氏度慢慢回暖后复苏,几秒钟内即可爬行,就像小木屋里的这些粉蝇。

许多种类的蚂蚁幼虫和甲虫幼虫躲在树干里越冬,在那里它们忍受的低温跟周遭空气的温度差不多。跟那些很快就能复苏的粉蝇不同,我带回小木屋的蚂蚁和甲虫的幼虫,即使在室内相对温暖的环境下待了几个小时,都似乎还处于僵死状态。过了好几天它们才开始显露出生命的迹象。那种助这些幼虫抵御严寒的物质,兴许也可以拿来解释它们长时间处于僵死状态的原因。蚂蚁和甲虫的幼虫体内含有丙三醇或其他具甜味的"抗冻"多元醇(我还没试吃过粉蝇呢),"抗冻剂"阻止幼虫体内形成冰晶,使它们变得不活跃,并且"抗冻剂"可以在幼虫的血液里停留很长时间。

其他的冬日来客——主要有3个物种——漂亮而且习性和善。例如,当小木屋升温的时候,它们不大会像那些恼人的粗野粉蝇那样绕着床头灯盘旋,熄灯后又猛冲进灯罩底下,在那里粗声粗气地嗡嗡作响。

第一种客人是蛱蝶(mourning cloak butterfly),它们通常待在木屋外的缝隙里而很少钻进来。秋天的时候我经常看见一两只蛱蝶就在屋檐下扑扇着翅膀。第二种客人只是在最近几年才大批造访。有些年份我的小木屋迎接了高达几千只这种访客,有些年份它们就只有几十只;而这一年冬天,迄今一只都还没有出现。它们就是五彩缤纷的亚洲瓢虫(Asian ladybug),最初被引进到美国南部是为了控制蚜虫。跟我们当地的许多种瓢虫一样,亚洲瓢虫也有着漂亮的红黑相间的天然色彩,但它们的样式更多变些。它们的"背景"色调可呈现深红、橘色或者黄色。它们可能没有斑点,或者由一些小黑点或小斑点合并成黑色细带作为装饰。

并不是每个人都对这些甲虫充满喜爱之情的。在美国一些地区,它们因数量众多反而成了害虫,因为它们更适应我们的居住环境,而不是甲虫惯常生活其中的裂缝和洞穴。并且,如同其他很多种昆虫以鲜艳色彩作为警戒色保护自己,多彩的亚洲瓢虫对于捕食者来说不是什么美味之物,当它们被碾碎时还会释放出一种令人不快的气味。

这些多彩的瓢虫和其幼虫以蚜虫和其他吸食植物汁液的昆虫为生,例如羊毛球蚜(woolly adelgid)——它们正在大批地摧毁从弗吉尼亚州到新英格兰地区的铁杉林。据说一只多彩的亚洲瓢虫从幼虫发展至成虫的过程中能吞食600至1200只蚜虫。羊毛球蚜由亚洲引进,在20世纪80年代中期即成为危害一方的物种,这个时间点跟亚洲瓢虫首次到访我的小木屋较为重合。铁杉树一旦被球蚜侵害，很快就会凋亡。迄今为止，我的铁杉树倒是还没有遭遇球蚜的问题，我也很欢迎亚洲瓢虫来我家越冬。

第三种昆虫是绿草蛉，经常到访，但数量从来不会很多。虫身那种轻盈、明亮的绿色延展至它的四个翅膀，娇嫩的薄膜在翅脉网格间紧绷着。我看草蛉自带一种特殊的美丽光环，但蚜虫可不这么看。草蛉的成虫及其幼虫，后者通常被称为"蚜狮"，都是凶猛可怕的捕食者。在森林里，我经常能找到草蛉成虫待在松脱的死树皮底下过冬。它们造访我的小木屋已经相当难得了，能来就实属一件乐事。

这种冬日物种的多样性和丰富程度并不单为我的小木屋独属。任何人都有同样的福气享有。通过在小木屋上留些开口，我成为接待这些有益的、有害的及美丽的生物们的东道主*。

---

　　*这篇文章发表之后，亚洲瓢虫和粗野粉蝇都变得罕见了。

极地熊蜂

曾以《蜜蜂的防冻剂》为题发表
《博物学》,1990年7月

那是我生平第一次在午夜时分寻找熊蜂。那天是6月22日,夏至过后的第二天。在加拿大北极圈的埃尔斯米尔岛上空,太阳整日在头顶兜圈子,至午夜时也只下降到和水平线呈10度角的高度。但即使是这无止境的日光,也不会令人想到已经是夏季了。我们待在这儿一个月了,过去的两周中就只有4天是晴天。其余的日子都是阴天多云,气温也一直低于4摄氏度。

两周前,我们搭乘一架哈维兰双水獭飞机从雷索卢特小镇一路向北时,下方的景观全都是一尘不染的白色。当我们沿着陡峭赤裸的山腰向下飞至亚历山德拉峡湾时,我们看到海豹就靠着它们挖出的那些小洞平躺着,整个冬天它们都待在积雪覆盖的冰层之下维生。北极熊的足迹将这些洞联结了起来;带着些许担忧,我还注意到有些北极熊的足迹由岸边一直向上通往那些小屋子,我们这个小小的研究团队即将暂住其内,成员有迪曼(Jack Duman)和几名圣母大学的研究生,他们此行是为着研究昆虫的耐寒机制而来。我加入他们,希望可以看见熊蜂,并揭示它们在体温调节生理方面可能的谜题。

水獭飞机在峡湾的雪地上着了陆,我们就在海岸附近卸下供应物资;在飞机逐渐消失在视线远方后,我们便被留在一片沉静之中。我们沿途跨过些许冰裂隙,一路向着远处的加拿大骑警站那间主要的小屋而去,那儿对面有一幅褪色的图画,画里一位身穿红衣的骑警正吹着喇叭。那里还有两杆子弹上膛的来福枪,靠近机枪扳机有一块提示牌,是以英语和因纽特语印刷体而写的"防御北极熊指南"。还有另一块提示牌,手写着:"入者后果自负:疯狂科学家在工作。"风险由你自己决定——是进来还是留在外面。

接下来我们就焦急地等待着春天和那些随之而来的生命。苔原生物迟迟不肯露面,这倒令我们注意起周遭的物理世界来。在我们下方一座冰川陷入峡湾的冰排之下,南面还有一座冰川高耸于我们上方。东面有巨大的悬崖矗立。但随着太阳开始灼烤雪地,更令我着迷的是我们脚下冒出来的那些个小片的迷你世界。

在铺满碎石的河流沿岸,积雪已经渐渐消融,冰川化为活水开始汇集在河中。河两岸的土壤爬满了丰厚的地衣,花岗岩鹅卵石和经冰川搬运的巨石遍地都是。地衣有深黑色、灰色、绿色、白色、橙色和黄色,它们的形态也多变各异,从呈叶片状、菌丝与基质紧密相连的壳状到多分枝似羽毛般的枝状。地衣在短暂的夏季里生长缓慢又不易被察觉,之后在这一年中余下的季节或大部分时间里,它们继续以一种蛰伏状态生存着。

从雪地露出来的还有些植被层,它们仍保有着去年或几年前生的叶片。这些植物也可谓是植物界高寿的玛士撒拉了,它们能存活是由于能够忍耐寒冷,待来年春天再复苏。那些低矮的、紧密成簇的仙女木(*Dryas integrifolia*)远观起来就好似是银灰色的岩石。但不消两周,它们就会生出茂密的短短的绿灰色叶片,继而绽开娇嫩的黄色花朵。那些匍匐生长的极地柳中有一种枝条已经长出柔荑花序,看上去好像地面长出了银色的尖刺。很快花序就会变红,继而是黄,然后才会产出花粉和花蜜为极地熊蜂(*Bombus polaris*)享用。

挪威虎耳草(*Saxifraga oppositifolia*),一种紫色的虎耳草,是最先开花的极地植物,也是熊蜂和这片荒芜崎岖的土地有所联系的第一个凭借。虎耳草那小巧的五瓣花闪着鲜亮的紫色,映衬着那渐渐脱胎于冰雪世界的苔原景观,色调柔和且暗淡。虎耳草花就开在它那光滑的绿褐色的植物垫层之上,置于顶端摇摇欲坠。在我看来,这种植物还未适应极地生物的精妙之处,又或许它们过于适应物理世界的庄严宏伟,它们看上去很珍奇,特别是起初那段时日我都没看见有昆虫。

然而,有多彩花朵生长的地方必有授粉者。最终听见并看见一只熊蜂就在周围快速移动时,我有点意外。那只熊蜂在厚厚的积雪上方笔直地、快速地飞——但在这里,它在我身边这些初绽的虎耳草花上稍事停留,就急匆匆地继续赶路去了。这个时节,这只以及所有的熊蜂都应该是雌性(也即蜂后),它们刚从冬眠中苏醒过来,取食花蜜以满足它们巨大的能量需求,同时也在搜寻搭建巢穴的地点以成立它们的蜂群。

地球上大约有 20 000 种蜂,只有两种出现在这北极腹地。这两种蜂都是熊蜂,其中一种熊蜂是另一种的群体寄居生物。我眼下瞧见的这些蜂后应该是属于极地熊蜂。寄居生物大黄蜂(*B.hyperboreus*)的蜂后稍晚些时日出现,要等它们的寄主开始筑巢后。

在北极圈内,与地衣和那些开花植物类似,大多数昆虫若想生存,很大程度上要靠减少活动量和忍耐来实现。例如,我的招待者之一,来自圣母大学的库卡尔(Olga Kukal)发现,北极灯蛾(*Gynaephora*)的毛虫需要13年才能化为成虫。它们大部分时间以一种冻得结结实实的状态存活着,好似冰柜里的冻肉,仅在其解冻后那段短暂的期间里生长。

熊蜂锁定的是另一套生存策略。对于它们而言,生存和繁殖不仅靠在漫长的冬季里减少活动量,还要在能够生长的短暂空当里加速成长。熊蜂的幼虫(及其蜂群)会因冰冻而死亡,故而不仅是在个体的整个成长期,也包括它们蜂群集体的生命循环中,幼虫们必须紧紧簇拥在一起,直到一个短暂的夏季。这种"规划"很简单,和其他社会性动物如蚂蚁、蜜蜂或黄蜂类似:一只已安然越冬的、具有生育能力的蜂后自动离巢,去建立一个新巢,继而产卵。之后,它的第一批或者头几批女儿就会承担起照顾和供养稍后出生的幼虫的工作,它们也会交配,冬眠,在下一年产卵。蜂群越大,就越能抵御寄生动物和捕食者,同时由于能够实现劳动分工,整个蜂群的流水线作业效率就越高。

限制熊蜂蜂后社会性策略的主要因素就是时间,因为要在一个季节内就完成种群的建立,通常需要几代熊蜂后代重叠交错。这在热带不成问题,因为热带地区很少或几乎没有季节时间的限制。可以预见的是,多数生活在热带的蜜蜂、黄蜂和蚂蚁,其群落都会发展得巨大,而这里的奇迹就在于社会性昆虫能在北极腹地存活。

极地熊蜂代表了一种极限。我曾经推测过是何等适应机制使得它们在对其他社会性昆虫致死的自然环境下能将整个群落的生命循环压缩进一个夏季。高体温有效地拉长了时间,这里我重点要弄清楚高体温解决了哪些问题,多大程度上解决的,以及机理为何(而不是在极地零度以下的低温里借蛰伏状态偷生)。

有几点显而易见的特征帮助极地熊蜂将生命周期压缩了。首先,仅在一批工蜂羽化之后新的蜂后和雄蜂即可出生(有时没有介于期间出生的工蜂),以此取代建立跨越多个世代的大型蜂群。第二,如果能够繁殖工蜂,第一批通常有20只或更多,相对而言,温带熊蜂第一批工蜂只有6到8只。第三,极地熊蜂通过强占它者已建好的巢穴获得了起步优势,原主人不仅有其他蜂类,也包括不大可能成为寄生生物的物种,例如雪鹀。我就碰到过一只熊蜂蜂后成功地侵占了一个原本还居住着雪鹀的巢,那里面还有鸟蛋呢。雪鹀向熊蜂蜂后屈服,留下3个鸟蛋就溜了,然后这只蜂后就在草垫和几层洁白又隔热的鸟毛之间孵它自己的卵，鸟蛋就丢在原地不加理会。

高度发达的体温调节机制是熊蜂属昆虫适应寒冷气候的主要手段，可使它们在其他昆虫被迫转入深度蛰伏状态时继续保持活跃，这对极地熊蜂来说尤为如此。

熊蜂能够经由收缩飞行肌震颤翅膀，将身体加热至35摄氏度，高于空气的温度。跟其他热血昆虫的情形一样，在起飞之前，由控制翅膀上举和下压的肌肉交替收缩而引发强直收缩，从而在胸部产生热量。就如同所有其他种迄今已被研究过的熊蜂那样，极地熊蜂需要飞行肌温度达到至少30摄氏度才能起飞。但在这个相对较低的肌肉温度下，熊蜂飞得极其缓慢和笨拙，能快速飞行的蜂类至少得使肌肉升温至35—37摄氏度——这跟我们人类体温差不多了。

对蜜蜂而言，蜂蜜赢得时间，而肌肉温度可以拖延时间。能够震颤、使肌肉升温并飞翔只是达到目的的手段。所获的收益便是加速而稳定地向蜂群输送花蜜和花粉。能量的输入为蜂群壮大赢得了时间，使得熊蜂们可以在一个夏季内、在那些寒冷的日与夜、甚至是在普遍低温的环境下继续成长，因为食物供给可以影响觅食速度和幼虫的生长速率。

为了能够成长，熊蜂幼虫必须要维持在约33摄氏度，这个数值比赤道附近低地的温度还高出几摄氏度。为了能给幼虫提供所必需的接近热带气候的环境温度，极地熊蜂和其他种类的熊蜂具有特定的行为和调节巢穴温度的生理机能。从生理学方面而言，它们震颤飞行肌，然后将胸部产生的热量分流至腹部并传导至蜂卵，很像一只正在孵蛋的鸟将它裸露的腹部置于鸟蛋和雏鸟之上。跟鸟孵化一窝蛋时相似，熊蜂蜂后也紧紧贴着它那盛着蜂卵和幼虫的子脾，孵在那上面以保持温度在30摄氏度以上，哪怕外界气温降至冰点甚或是冰点以下。

如同任何一个高度有序的系统，这个系统需要投入大量的能量来维持,尤其是它处在北极的环境里。那些紫色的虎耳草花和极地柳的柔荑花序统统经由花蜜这种能量货币紧密联系在了一起。

我6月间在埃尔斯米尔岛上所见的那只擦着雪地飞过的熊蜂蜂后迄今也似乎只有少量的食物供给。我推测当时花蜜比任何时候都奇缺。此外,我预见到为了保持飞行肌处于加热状态,这些在夏初于低温环境下飞行的蜂后将会尽可能地将热量隔离在胸部之内,以防热量流进腹部。

我那个关于觅食蜂后其腹部保持低温的预测被证明是错误的。令我非常惊喜的是,我发现那些落在虎耳草花上的极地蜂后反而都有着**热乎乎的**腹部!而且,腹部温度是受到调节的(并不受环境温度的影响)。这些特点只是北极蜂类独有的吗?显然是的,因为第二年春天我回到新英格兰地区,将较早飞出来的蜂后体温测量数据与极地蜂后的数据进行对比,结果显示前者的腹部温度更低,且不受调节。

证实预测通常不如将之驳倒来得更令人激动,因为预测是在意料之中的。稍早时候我在室内实验中已经发现,当熊蜂蜂后为它们那成簇的卵和幼虫加热时,其体内能将热量保持在胸部的反向热流就会变成交替热流。熊蜂蜂后在孵化过程中将裸露的腹部下端紧紧贴住卵与幼虫,这种行为非常像母鸡在捂热它的蛋。我有一个新的、令人兴奋的假设:极地熊蜂在卵还处于卵巢(当然就是在腹腔里)内时已经在对其孵化了。极地熊蜂建立蜂群的时间还不到温带蜜蜂消耗时日的三分之一,是否可能是由于前者在卵出生前就开始体内孵化,由此在蜂卵发育和出生方面获得了起步优势呢?如果是这样的话,和那些新生的蜂后不同,雄蜂和工蜂的腹部温度在极地熊蜂和温带熊蜂之间就无差别了——即都偏低,因为这些熊蜂腹中皆无蜂卵。

另一场观察熊蜂之旅进行得有条不紊。为什么不去阿拉斯加呢?这回我与我的朋友兼同事沃格特(F. Daniel Vogt)同行,我们宿营在靠近迪纳利的高海拔地点。我又一次带上了我的便携式电子温度计,来测量昆虫的体温。

彼时是7月,正值蜂群接近种群生命循环的末端,雄蜂们开始出巢,独自去采食花蜜并追逐处女蜂王。我们又向上攀登了约5000英尺。这里天气凉爽且多雾。一只母灰熊带着它的两只幼崽在我们下方一片莎草草地上徜徉漫步。这里花不多,也似乎没有蜂类。仙女木花败已久,开始结实。我们沿着山坡继续攀登,并使自己和3只灰熊保持着足够的距离。

我们爬得更高一点了,偶尔会见到翠蓝色的北方野生附子和飞燕草,还有少许淡黄色的冰岛虞美人(也叫冰岛罂粟)。然后我们小心地徒步翻越了一座小丘,想着多半会在那里遇到另一只灰熊,却看见了一片茂盛的山金车生在一处凉爽的受保护的河漫滩上,绽放着黄色的雏菊状的花朵。我们竖起耳朵,在鸣咽不止的风音之外捕捉到了一只熊蜂的嗡嗡声,随后很快就瞧见了许多只。我很兴奋:它们浑身毛茸茸、胖嘟嘟的,身上的条纹由黑色和暗黄色相间而成,都是极地熊蜂。雄蜂和工蜂忙于采集着同一种花,我们开始测量这些熊蜂的体温。正如我所预测的,雄蜂和工蜂的腹部温度都很低。这些温度数值和在同样气温条件下温带蜂类的腹部温度是相似的。

大多数人对蜂类的腹部温度、或其任何部位的温度是缺乏真正的兴趣的。我的根据是:当我还在加州大学伯克利分校做昆虫学教授时,斯坦福大学的学生们曾组织过一次琐事大赛,找出世界上最微不足道的事情。获奖的参赛作品是什么呢?是"熊蜂的直肠温度"。他们可能是从《国家询问报》(National Enquirer)得到了灵感,那上面提及了我获得由参议员普罗克斯迈尔(William Proxmire)创立的"金羊毛奖"的原因,我曾被资助了20 000美金专事研究熊蜂的体温调节机制,而这对蜂类生存是至关重要的一个方面。

众所周知,熊蜂是高山和泰加林生态系统的关键物种(或称基石物种)。熊蜂和其他蜂类一样为花传粉;但不同的是,它们活跃的地点是在北极腹地。生境至关重要,生境即是各项因素如何拼合在一起形成一个整体。于看似神秘幽微的细节洞见乾坤令人激动,因为它昭示着万物有序,最为接近世间的真理与美好。

尾声:熊蜂种群现状

近来,熊蜂因其在一些地区种群数量急剧下降而被新闻媒体报道,使人想到这可能与气候变化有关联。由于熊蜂是北部地区的主要授粉者,因其调节自身体温的能力而具备独特的适应性来保持活力,故此人们疑惑,一直以来是否因为气候变化导致了熊蜂数量下降。锈斑熊蜂(*Bombus affinis*)数量锐减尤其被媒体频频强调,并且在2016年登上美国濒危物种名单,是种族内首例。锈斑熊蜂并不常见,但我20世纪70年代在缅因州从事研究时就对它们颇为熟知了。彼时,种群数量最高的物种是黄带熊蜂(*Bombus terricola*),它们是如此常见,以至于我可以在任何时间、随意一片绣线菊属(*Spiraea*),罗布麻属(*Apocynum*)和柳菜叶属(*Epilobium*)的植物那儿都能瞧见很多只。通常,我在单株的绣线菊(meadowsweet)和一枝黄花(goldenrod)的花序上都能立刻就找到好几只。我有多篇学术论文都以黄带熊蜂为主要研究对象,因为在夏末和初秋任一时间内都太容易采集到数据了。而30年后,在同一片区域、同样的生态环境下,我仅在非常少有的情况下才能碰见一只黄带熊蜂,有些年景连一只都没见过。其他种熊蜂也面临着同样的处境,但迄今只有锈斑熊蜂被列为濒危物种。

热量是敌人,热量也是武器

曾以《蜂巢里的舒适享受——头热尾端冷》为题发表

《博物学》,1993年8月

一只作为工蜂的雌性蜜蜂在大热天里飞行时要对付的不仅是太阳那能把它烤干的热量,还有其自身内部的"火炉"。为了驱动翅膀,它每秒钟可收缩位于胸部的强健飞行肌约200下,这种肌肉活动会产生巨大的热量。若不是因为它那小巧的体积以及飞行中它所引起的气流可以通过对流来散热,蜜蜂的内部温度将会达到一个致死的水平(118—122华氏度,约48—50摄氏度),它飞不到一两分钟体内就会"油烹"了。然而,哪怕是在一个无风天停留在一株三叶草的花朵上觅食,它依然要承受大量灼热的阳光射线。当它已经用花蜜填满蜜囊,花粉篮也沉甸甸的了,这只工蜂就径直飞回蜂巢,那里塞得进数以万计、挨挨挤挤的蜜蜂,这些蜂巢小伙伴们都有着相同的高体温。尽管如此,多亏了它们在生理和行为上有一些适应机制,蜜蜂即使是在炎热的沙漠里也能生存且繁荣。

几乎所有大型的飞行类昆虫都进化出一套机制来防止在飞行过程中体温过高:血液循环穿过昆虫的飞行马达,将热量从胸部传递至腹部,用这种方式来除去热量,跟流经汽车发动机的冷却剂又经过散热器的机理很相似。然而,蜜蜂那特有的解剖结构使这种散热方式难以实现。背血管将血液从腹部输送进胸部,经由那条极细的、连接着蜜蜂腹部和胸部的通道即腹柄时,血管呈紧密螺旋管道状。这就意味着,从胸部输出的热血必须流经这些螺旋管道,因为热血流速足够慢,以至于由几乎不产生热量的腹部输入胸部的较冷血流被加热了——那么,就几乎没有热量流进腹部了。无法利用腹部作为散热装置听上去好像是种生理缺陷;但是,虽然散热器可以增加降温面积,它也要有赖于对流作用来摆脱掉多余的热量,并且只在肌体温度比周围气温高时才起作用。因此,蒸发散热就成了唯一能适用于任何动物将体温降至低于周围空气的途径。蜜蜂就进化出了这样一套蒸发散热的系统,这使得它们完全放弃"腹部散热器"成为可能。

当觅食中的蜜蜂在高气温下飞行、并且被动的对流散热已经不足以保持其头部温度低于113华氏度(45摄氏度)时,一个热量传感器就会触发蜜蜂的反刍反应,将储存在蜜囊里的花蜜返回口中置于舌上。舌头上花蜜里的水分在空气中蒸发,降低蜜蜂头部温度的同时还将热量从临近的胸部带走。蜜蜂可以通过"摇动"它的舌头,以及用腿将一些唾液抹在它的胸前来加快蒸发速率。蜜蜂依靠蒸发降温还有一个好处,那就是当觅食中的蜜蜂散热时,它同时也减轻了因携带多余水分造成的负荷,节省了能量。少负担些水分,采蜜工蜂就有盈余的空间可以多运些能量物质回蜂巢,同时,将花蜜酿造成蜂蜜(也即浓缩的花蜜)的工序就已经开始了。

回到蜂巢之后,采蜜工蜂的体温可能依然居高不下,但眼下它要承受成千上万只蜂巢室友们新陈代谢产生的热量。采蜜工蜂快速地将它所采集的花蜜交给其中某只留守蜂巢、负责接收花蜜的内勤工蜂,然后便离开前往下一趟采蜜之旅。如果蜂巢内温度太高,这些接收花蜜的内勤工蜂就会迫不及待地拿起花蜜,不仅反刍花蜜使其在自己的口器上蒸发,而且还将蜜汁分成小滴置于巢脾内通过继续蒸发水分酿蜜,这样可以为工蜂自身和整个蜂巢降温。这也导致了蜂巢内湿度迅速升高,刺激部分工蜂在蜂巢入口处扇动翅膀。较为干燥的空气流进蜂巢,使蒸发得以继续。另一方面,如果天气凉爽,就几乎没有内勤工蜂愿意去卸载采蜜工蜂带回来的稀溜溜的花蜜。内勤工蜂眼下就改为只接受采蜜工蜂带回来的浓缩花蜜。因此,负责接受花蜜的工蜂可以控制输入蜂巢的是较稀的花蜜、浓缩的花蜜还是水,一切视温度而定。

即使是在冷热适中的气温下,位于蜂巢或蜂团中心的蜜蜂也会体温过高,十分危险。最表层的蜜蜂体温尚且较低,有些甚至都接近它们能承受的最低温度59华氏度(15摄氏度)了;但随着外界气温降低,蜂团中心的温度会上升。多年来,研究者假定身处表层的蜜蜂和位于蜂团中心的蜜蜂有某种传递信息的方式,后者可以通过调节自身热量的输出,依需求而定来产生更多或是更少的热量。但诸多实验一直找不到类似这样的信息传递方式。相反,进一步的研究显示,中心蜜蜂的高体温仅仅是由于它们的静态代谢率。那么,当外界温度降低时,为何**中心蜜蜂**的体温反而上升呢?答案就在于表层蜜蜂,它们控制了中心的温度。

当蜜蜂聚集成团时,表层的蜜蜂可听任其体温被动地在一个很宽的范围内"浮动";而相比之下,正在采蜜的或以其他方式活跃的单独个体则通过震颤来保持胸部温度始终处于约92华氏度(33摄氏度),使它们随时都可立即起飞。随着它们体温下降,位于第一道防线的表层蜜蜂不会进行震颤这种消耗更多能量的活动;相反,它们仅仅是往蜂团里面爬。这群蜜蜂越来越紧密地缩成一团,对外的空气流动就被阻塞了。最终,表面的蜜蜂拥挤不堪,全都是头朝内腹部向外。此时蜂团的热量损失达到最小。如果这是个大型蜂团,团内挨挨挤挤的成千上万只蜜蜂的静态代谢即可使中心温度高达离致命温度只差几度,因为热量被圈在蜂团内部散不出去。

每一个作用力都有其反作用力,位于中心、体温过高的蜜蜂也不会坐以待毙。它们向着更为凉爽的外围爬去,从而在蜂团内部造成了空当,由于密度偏低的那群蜜蜂向表层移动产生了缝隙,热量就此散了出去。通常,在任一蜂团中,以上两种反应都是同时发生的,是一个动态的过程,当蜜蜂不停地改换它们在蜂巢中的位置时,我们观察到的只是一个净效应。只有当蜂群遭受气温突变时,两种反应的个别一种才会格外显眼。如果一个蜂群突然从室温被带到冰点温度以下,表层蜜蜂最先感受到温度的改变。它们会立即聚拢起来,位于蜂团中心的蜜蜂都尚未有机会作出反应,中心处温度就升高了。相反,当蜂群突然从冰点以下的温度被带到室温环境里,表层的蜜蜂就会脱离蜂群,中心温度也会暴跌。

表层蜜蜂对中心温度影响之大可由亚洲蜜蜂对捕食者胡蜂的防御性反应加以很好地说明。在日本,东洋蜜蜂(也叫中国蜂,*Apis cerana*)要对抗它们的捕食者——一种体形较大、体表外壳坚韧的黄色胡蜂(也叫黄色虎头蜂,*Vespa simillima*)。这些胡蜂经常在防范较弱的蜂巢入口处逡巡,趁机掠取一只又一只蜜蜂,有时可降低整个蜂巢的种群数量。尽管这种胡蜂全副武装,可以对付蜜蜂的蜇针却无法抵御过高温度带来的致命影响,蜜蜂已经习得利用高温作为一种防御手段了。在那些防守坚固的蜂巢里,胡蜂先是被几只执行防御功能的蜜蜂抓住并控制起来,紧接着二三百只蜜蜂就会将袭击者团团围住。这些防御蜜蜂的体温已经高过那些刚采蜜归来的蜜蜂了,当它们组成一个球体将胡蜂围住时会继续震颤发热。这个小型蜂团的中心温度可飙升至115华氏度(46摄氏度),那只不幸的胡蜂就陷入其间。由于胡蜂的致命温度(113—116华氏度,约45—47摄氏度)要比蜜蜂的致命温度(118—122华氏度,约48—50摄氏度)低一点,蜂团中心的罹难者就这样一命呜呼了。

追寻蜜蜂，为之筑巢

　　这事儿要从我11岁那年住在缅因州西部乡村时说起。一位当地的农场主弗洛伊德·亚当斯和他家里3个跟我年龄相仿的男孩子，吉米（Jimmy）、比利（Billy）还有布奇（Butchie），是他们让我初次了解到追寻野生蜜蜂的技艺和冒险的刺激。我们想不出有比在9月末搜寻到一株满载蜂蜜的大"蜜蜂树"更令人激动的事情了，此时干草收割晾晒已完毕，牧场里还有些野花随意点缀。蜜蜂们正在为储备蜂蜜作最后一搏，忙于采集还在开放的紫菀和一枝黄花。

　　我们的基本工具是一只小木箱，里面放置了一块涂了糖水的巢脾，还有一小段打磨过的桩子，其顶端装了一片木板作为放置捕蜂箱的平台。我们还带上一小瓶茴芹和一些白面粉糊。我们找到了一片未被树林遮挡的一枝黄花，并将桩子敲进地面，从那里可以朝任意方向眺望。我们一只手托住散发着茴芹味道的捕蜂箱，另一只手拿着箱盖，将捕蜂箱置于一只正落在花朵上的蜜蜂底下，啪的一下将盖子从蜜蜂头顶扣下来盖住捕蜂箱。箱子内漆黑一片，除了巢脾下方有一扇屏可以透进光亮，这样那只蜜蜂就向光而行往下方逃去，它会撞见巢脾并发现糖水。在那里它开始舔舐糖水，不再发出嗡嗡的声音。我们将捕蜂箱放置于平台上，靠着箱子坐下来观察它，我们拿起盖子时，只见它全神贯注地吸食糖水，压根都不注意我们。过了一两分钟，这只蜜蜂爬上了箱子的边缘,用前腿摩擦着触角;当它开始绕着捕蜂箱前前后后来回往复地飞并仔细审视箱子时,我们听得见它在兴高采烈地嗡嗡叫。然后它开始以一种越来越大、越来越高的螺旋盘旋着。我们眯起眼睛目送它飞走,直到它最终消失在远处,那里可能是它蜂巢所在的方向。也许蜂巢就在离此最近的那片矮树林里,或是几英里之外的密林深处、距此遥远的某株空心树里。

　　眼下我们不得不缩小蜂巢位置的可能性了。获知距离有助于开个好头,基于我们预判它还会再返回来采食糖水,这个数值就可以从蜜蜂飞行耗时来估算。因此我们等待着。通常用不了10分钟,就会突然有一只蜜蜂绕着捕蜂箱的边缘曲折飞行,然后停稳,钻进箱子去取食糖水。

　　一场蜜蜂追寻之旅现在就开始啦,很快就有更多的蜜蜂飞来了。我们把白色面粉糊轻轻涂在一些蜜蜂的胸部或腹部上,来计算它们的飞行时间。如果蜜蜂树离此很近,我们那捕蜂箱很快就会变得拥挤,不停地有蜜蜂来来去去。然后我们用盖子盖住捕蜂箱,一次就捕获到很多只蜜蜂。我们拔掉桩子,去到尽可能靠近我们猜测的蜜蜂树所在的地点,另寻一片林中空地或是麦场田地重新搭好捕蜂装置。当我们打开箱子,所有的蜜蜂都被放出来了,它们绕着箱子盘旋,然后大多数都向着此前同样的方向飞走了。如果此地对它们而言是个新的地点,在毫不知觉的情况下被带过来,第一次从这里飞回蜂巢,那对我们寻找蜂巢帮助就微乎其微。然而,如果我们已经非常靠近蜜蜂树了,并且有那么一只或几只蜜蜂识别出此处已在其蜂巢领地之内,它们最终就会返回到我们的捕蜂箱。如果一只都没有回来,我们就在附近重新抓一只蜜蜂,希望它能来自相同的蜂群,离它的蜂巢近一点。那些既已返还的蜜蜂,继续在捕蜂箱和蜂巢间来回往复地飞,结合第一个地点的飞行路线,我们得到了一组"交叉线";蜜蜂树很可能就位于两条路线的交叉处。

　　我们在一个艳阳高照的无风天走进树林去寻找那让人满怀期待的

蜜蜂树,这样当我们一株接一株仔细地检查那些疑似蜜蜂树的空心老树时,也许可以听得到蜜蜂嗡嗡叫,或是看见它们在空中飞舞。当我们将耳朵贴近一株老铁杉树(野生蜜蜂最常居于其上的一种树)时,只听得一声低沉的"嗡",在晴朗无云的天空的映衬下,有一些小小的黑色点状物从我们头顶疾飞而过,再也没有比这个更令人兴奋的了。弗洛伊德——通常作为我们追蜂小组的成年人领袖——此时就从衣袋里抽出他的大折刀,在这棵树的树皮上刻下"FA"。依照人所共知的习俗,不管我们那时是在谁家的林子里,这棵蜜蜂树、或至少树里所含之物,是属于发现者的。怀着巨大成功带来的喜悦,我们回家去了,做梦都想着蜜蜂和蜂蜜。几天后我们折返至原地开始工作,工具装备齐全:几柄斧子、一些楔子、一把横锯、一个喷烟器、几副手套、几个防风面纱,还有几只用以盛蜂蜜的桶,以及一个为蜜蜂准备的蜂房。

树被伐倒的瞬间,空气里密密麻麻的全都是蜜蜂。它们起初好似一团"蜜蜂云",一窝蜂地往上冲,那里曾是它们蜂巢的入口处。与此同时,其他的蜜蜂正在从轰然倒地的树上那个蜂巢里往外逃。我们当中一人忙着操作喷烟器来迷惑蜜蜂,分散它们的注意力,另外两个则使用横锯。我们在预计蜂巢所在位置的上方和下方将木头截断,然后将楔子钉进中空的树干,揭开巢脾的盖子。位于蜂巢高处的多为新生的浅黄色巢脾,内里盛蜂蜜。位置较低的是旧的巢脾,里面还有蜂卵、幼虫和蛹。我们用一把猎刀将这些巢脾从它们在中空树干内部的附着物上切割下来,然后将巢脾搬出来。我们将那些最大的、特别是内含蜂卵的巢脾切割一番,使之正好能装得进我们带来的蜂房那木质框架里。我们把巢脾用绳子在恰当位置绑好。(在接下来的几周里,蜜蜂会用蜂蜡将巢脾牢固地粘在框架上,那时我们就可以移除这些蜜蜂尚未嚼断的绳子了。)如果有很多蜜脾,就将之放进我们的桶里。当大多数巢脾都已经转移或从蜜蜂树移除之后,我们就将蜂房放置在被切开的树上,然后小心地用一阵轻烟引导最拥挤的那团蜜蜂（蜂后应该在里面）从树洞里移出来，向着新的蜂房入口而去。

当第一组蜜蜂互相拥挤着离开蜜蜂树进入新家，此刻它们与幼虫和蜂后再度团聚，我们能感受到蜜蜂们的兴奋之情，因为它们几乎是突然就开始发出嗡嗡之声的。也差不多是顷刻之间，许多蜜蜂起先置身于新蜂房的入口处，在那里它们开始用翅膀扇凉，并以腹部对向空中。它们的腹部末端有一种嗅腺，从那里释放出一种香气，以蜜蜂的语言在说："这里!"要表达的意思取决于具体语境，在当前语境下，蜜蜂释放的这股香气流在为其他同伴引路，好让它们从失去蜂巢所致的混乱中找到出口、来到这个容纳着幼虫的新家。很快，连高空中的"蜜蜂云团"都飞下来了，所有的蜜蜂都搬进了新家，好像是一场大规模的迁居。眼下蜜蜂就要开始将巢脾牢固地黏在框架上了，将蜜蜂树里破碎巢脾内的蜂蜜收拾干净，还要继续收集花蜜和花粉来支撑越冬的储备。也许几周之后的某个晚上，当所有的蜜蜂全都回到蜂房之后，我们就可以封上蜂房入口，带着蜂箱回农场去了。

弗洛伊德在阁楼上建了个蜂房，靠着一扇半开的窗户。我则在我们谷仓后面的一条木质长凳上搭起一个蜂房。在我，蜜蜂就好像是一只小动物，我喜欢靠近它坐着，看它吃东西，眼见进入蜂房的都是成对的花粉团，黄色的、橙色的和白色的，那是蜜蜂在运送花粉，它们瞧都不瞧我一眼。我难得能如此近距离地把蜜蜂观察个够。

冬天，我听见蜂房里有很轻微的嗡嗡声。我将蜂房入口缩小了，但保留了一个通气的空隙，让蜂群可以呼吸。早春时节，当地面上还有积雪时，终于有一些蜜蜂飞出来排便，每只蜜蜂都在雪地上留下了一小摊黄色之物才往回飞。但是如果天气依然很冷，许多飞得太远的蜜蜂就在雪地上搁浅了，由于低温不能动弹，最终冻死在那里。它们可能是群侦察蜂，出去寻觅花朵。此时正接近靠风媒授粉的植物散播第一批花粉的时节,这些植物有杨树、桦树、尖头榛子树、红槭树和糖槭树。

花粉为蜜蜂提供了所需的脂肪和蛋白质,这是蜜蜂群落以群体方式延续自身所必需的营养物质。花粉主要是在春天获得,那时蜂后每日可产蜂卵1000枚,或者等到蜜蜂群落壮大至原先的2倍以上,就会产生另一个或几个新的蜂后。那之后它们马上就要分蜂了,随着老蜂后带着将近一半数量的雌性后代离巢,蜂群一分为二就成了必然结果,离巢的蜜蜂最终会找到另一株隐秘在树林某处的空心树安置新家。

当这群2万至3万只蜜蜂急匆匆冲出蜂巢之后,它们首先跟随着老蜂后以结成蜂团的方式挂在某处枝头露宿野外,看起来像是一副巨型的胡子。然后侦察蜂就会出动去寻找适宜作新家的地点。许多只侦察蜂执行此项任务,会找到好几个潜在的适宜地点。但是蜂群只得选择一处,通常挑中的都是备选地点中最优的选项。蜂后从不做领队,它跟随着分蜂群体而飞。故此,考虑到在蜂群抵达新家之前仅有几只侦察蜂曾见过备选地点,这一大群成千上万只蜜蜂是如何能达成共识,最终为新家作出最优选择的呢?

当然啦,在观察那些蜜蜂时我对此是毫无概念的,也不曾设想过这样的问题,甚至连彼时生物学家们已经有了哪些发现我都无从想象,但我着实得以管中窥豹一番自然之神秘。也许是拜我们的寻蜂之旅所赐,还有我对谷仓后面那个蜂巢是如此专注,父亲送了我一份礼物。那是一本薄薄的、大开本的书。里面描述了一个奥地利的生物学家冯·弗里施(Karl von Frisch)做过的实验。他的每一项实验都展示了蜜蜂行为某一特定方面的真实情况。更多的实验揭示出一系列事实,彼此联结起来就可以对蜜蜂的语言作出阐释,勾勒出纯粹的自然之美。

冯·弗里施的那些实验有点类似于我们的追蜂行动,但要系统得多。追蜂行动揭示了那些我们在野外以糖水诱之的蜜蜂是如何与空心铁杉树里的蜂巢伙伴们做显而易见的交流的,因此后者会带着对糖水的期许飞来捕蜂箱,即使它们之前从未到过此地。然而,冯·弗里施那一连串系统的、但又没有更加复杂的实验却破译了蜜蜂交流的密码。林道尔(Martin Lindauer)是冯·弗里施的学生,他继续做了其他一些系统性的观察,显示出在一个种群数量达成千上万只个体的蜂群里,侦察蜂是如何寻找安家地点的,以及在找到一处地点返回蜂群后,又是如何汇报地点的方位、距离和它们对适宜程度的评估的。随着多只侦察蜂飞回向原地静候的蜂群汇报多个可能成为新家的地点(在林道尔所做的探索中,新家地点大多为他家乡那些轰炸所致的废墟的孔洞——时值二战刚刚结束),造成混淆的可能性极大。但是林道尔却很好地揭示了蜜蜂如何就地点选择进行交流,他能去蜂群意欲所往之地和它们会面,因为他读懂了蜜蜂的交流信息,甚至在蜂群尚未起飞时他就知晓它们将会往哪里去。

正如所提及的,侦察蜂们可能会找到半打甚至更多可选为新家的地点,评估价值不等,每一个地点都会有一只侦察蜂向整个蜂群做宣传(就像是发现我们捕蜂箱的蜜蜂向它的蜂巢小伙伴们"打广告"一样)。这就需要侦察蜂以蜜蜂舞蹈的方式向蜂群传递方位和到蜂巢的距离等信息。一些蜜蜂参与到它的舞蹈中来,准确地获悉关于方位、距离和评估价值的信息,随后就会飞往这些信息的源头核实情况。它们返回后也许会跟随另一只侦察蜂舞蹈,并前去实地考察一番。继而,基于对比,这些蜜蜂就会宣传那个**经过检验的最佳地点**;当另有侦察蜂发现一处新居比已知选项更佳时,它们便欣然改变观点。等所有的蜜蜂达成共识后,信号即被释放,蜂群就要启程去那个最佳地点安居了。然而,事情到此还没有结束。那些知晓目的地具体所在的蜜蜂变成了"速奔者"——它们向着那个正确的方向,在空中飞行的蜂群里快速地穿梭着。

我自觉幸运,在加州大学伯克利分校(在这里我找到了昆虫种群体温调节的答案)任教期间,曾去哈佛大学进行学术休假,仅仅是出于碰巧,跟西利(Thomas Seeley)共享一间办公室,那时他还是博士研究生在读。现如今他任职于康奈尔大学,事业辉煌成绩卓越,还在继续着蜜蜂的研究工作,这正如冯·弗里施将科研比作"魔力井"那样:"你汲取得越多,井里的水就越多。"

有关侦察蜂是如何在巡视新居地点时,根据蜜蜂的价值体系对相关"地产"作出估价,以及一个分蜂群体如何在社会集体层面达成一致、来完成从母巢迁居至它们选中的地点的,西利已经破译出了越来越有趣的细节。我曾写过一篇介绍如何追寻蜜蜂的文章,是给我那时尚年幼的侄子休厄尔(Charlie Sewall)看的,西利读后也参与起追蜂这项活动来了。这篇文章连带我们的照片发表于1975年,刊登在《国家地理校园通报》(*National Geographic School Bulletin*)上。

图2.6 手绘展示了置身于蜂巢入口的蜜蜂正在扑扇翅膀。它们扇翅膀的目的可能是为了降低蜂巢温度,也可能是在释放信息素,引导其他蜜蜂找到蜂巢入口并归巢。

41年后,在纽约州伊萨卡附近森林里的捕蜂行动引导西利得到了另一个意外但十分重要的发现。

蜜蜂因疾病致死渐渐消亡,集体陷入了困境,罪魁祸首是工业化农业,以及相应的为了庄稼授粉而采取的工业化养蜂。由于死亡率难以控制,蜜蜂正在逐渐走向濒危,唯一可见的解决措施就是增加药物的使用。在伊萨卡附近的森林里,那些未经用药的蜜蜂想必也要消亡的,然而西利却在那儿发现了一个日渐壮大的野生蜜蜂种群。一个自然种群中总有遗传变异产生,可能的解释就是具有抵抗力的蜜蜂群体经由自然选择而得到进化,因此森林就间接地繁育出一种具有抵抗力的品种。这是另一个能体现森林价值的案例,发现过程实属无心插柳,而原本的意图是真心热爱在自然界上下求索,享受这种冒险的乐趣。

西利如今已经写就了一本令读者愉悦的著作,是关于追寻蜜蜂的。我认为,某一天,如同冯·弗里施的著作对我意义重大一样,这本书对某个女孩或男孩而言也将具有同样的作用。正如法国科学哲学家庞加莱(Henri Poincaré)所说:"科学家研究自然并非出自功利目的;他以自然为乐,故他求索。自然美哉,故他以之为乐。"这种愉悦来自我们的本性,在童年时期感受尤为深切。

甲虫与花儿

曾以《贝都因人，花儿和甲虫》为题发表

《博物学》，1994年5月

  曾有几个世纪之久，昆虫和花朵的关联几乎没有引起过关注。这不过只是一个假设的事实；同时，蜜蜂和植物繁殖密切相关这个想法原本好像是荒谬的。最终，在1793年，一位德国教师，施普伦格尔（Christian Konrad Sprengel）在他的著作《从花朵结构和授粉中发现的自然奥秘》（*Das entdeckte Geheimnis der Natur im Bau und in der Befruchtung der Blumen*）中厘清了一种可能发生的事实，他提出花朵是植物的生殖器官，经由蜜蜂的作用，受精在花朵里得以发生；同时，花朵有释放信号的装置和食物回报，来吸引授粉者。人类亲眼所见蜜蜂恋花自然已有几百万年，但人类从未曾了解他们所见之事物。

  施普伦格尔关于花也有性别之分的观点对他而言必然是惊人的，但他的想法被当成一个"童话故事"，遭到了驳斥。花朵能提供食物来吸引蜜蜂并且释放信号引导它们吗？当然能！施普伦格尔的首要批评者就是那位博学多识的歌德（Johann Wolfgang von Goethe），他认为如果承认施普伦格尔的想法为真，就意味着大自然在以**人类**的逻辑运行。由于歌德在他所处的时代是卓越的德国思想家、作家和科学家，他的这番评判暗指施普伦格尔使用了童话思维,给后者带来了伤害,令人扼腕——施普伦格尔任职的那所位于柏林施潘道的学校将其开除了,罪名是"玩忽职守"。

彼时人们对进化论的概念还一无所知,就更不用说协同进化了。没有人能了解任一生物学上的事实都有两个潜在的、非常不同的解释(然而,两个解释又很可能都是正确的):最直接的近因和终极(进化上的)远因。后者也许像是一种目的或意图。目的和意图往往会被当作一种人类独有的能力——因此,这也正是施普伦格尔的问题所在。他的那些观点谈及了一个由终极的、进化上的动因所导致的结果,这被认为指向了人类的意图,因此这些观点被草草地否决掉了。他的论文也就自然而然地变得默默无闻了。然而,一个世纪之后,当达尔文从进化论的角度解读施普伦格尔的著作时,他看到了此书的重要意义。从那时起,施普伦格尔所发现的"自然之奥秘"就为理解我们的星球提供了一个方法。这个方法如此重要,我猜想甚至连施普伦格尔自己也都疑心过这些观点会产生巨大的影响。从植物和授粉者到整个生态系统的组成与功能,这些观点无不涉及。

我曾于20世纪70年代探索过一个研究构想,涵盖范围不仅限于我此前对熊蜂与花朵的研究。例如,我认识到,在任何一个熊蜂群体内,每一个熊蜂个体都习得成为不同种类植物的花的专门采食者。它们携带着花粉从一株植物飞往另一株同种植物的花上,习得了寻觅及处理花朵的技巧,由此也增加了觅食收益;而不是不加选择地在不同植物物种间觅食,这样无助于异花授粉。在一个世世代代都由同种植物构成植被的自然生境里,这些植物相应地发生了协同进化,使得花朵的特殊之处更加明显。明显的差别有助于蜂类发生特化(因此成为这些植物可依赖的授粉者)。

当生长季很短时,植物开花期就被压缩进一个很短的时间段,这令植物处于一股选择压力之下，使得花朵形态趋异。然而，每一种特征会是、并且通常都是许多股选择压力的产物，而每一股选择压力值不同，故此，在某一时间空间下进化达到平衡时的产物在另一个时间空间下会转化成对应的特有产物。考虑到群落生态学的这个观点，我很惊奇地发现，至少是在早春时节，在闭合的林冠下开放的各种北方春季林地花朵，例如银莲花属（Anemone）植物，都是白色或浅色的。这是由于这些植物被森林遮挡、并且白色对于远处的蜜蜂来说是更加显眼的目标吗？

在我和以色列生物学家阿维夏伊·舒米达（Avishai Shmida）的通信中，我随后了解到在犹大沙漠（Judaean Desert）里，有一种类似的非常醒目的趋同进化，许多不同种类的植物开出了同一个样式的花——在这例子中是大红花。红色令人联系起吸引蜂鸟的强烈信号，许多蜂鸟助其授粉的热带植物都开着大红花，但是在犹大沙漠没有蜂鸟。

一个不同寻常的范例总是耐人寻味的。我觉得离开关于授粉的研究工作已经蛮久的了，但是阿维告诉我，我那篇1972年发表于《科学》杂志上、关于授粉动力学的论文是他在耶路撒冷大学所教授的科目之一的必读材料。他还说："这篇论文激发我们从一个全新的角度审视我们的植物。"他邀请我去他处造访，去看看那里的花朵。不仅如此，他还获得了专款来支付我的费用。我的职责——他告诉我说，就是"做你喜欢做的事情吧！"我高高兴兴地就来了，有望亲眼看见沙漠植物的红色花朵和它们的昆虫授粉者，我备受鼓舞。我一定得去！

当飞机降落在特拉维夫，我的目光越过陌生的人群——却找不到我的朋友阿维。终于，一个小时之后，他到了。他被困在耶路撒冷一场大塞车中，在那里前总理贝京（Menachem Begin）刚刚下葬。

在前往耶路撒冷的途中，我们在傍山而建的古代梯田处稍事停留，罗马时期人们在这里酿制葡萄酒；在那些从石灰岩上开凿出的深洞里，工人们将葡萄捣碎,从中榨出汁液。在山间道路的两旁,我看见零星散布的扁桃树正值花期,开着明亮的白色和粉色的花。紫色的仙客来,红罂粟花,还有蓝色的串铃花遍野恣意生长着。

我们路过古罗马时期的道路遗迹,由在坚硬岩石上刻出的梯级建成。每一级台阶的顶端都向上倾斜,这样建造就能阻止战车车轮滑下山去。在公元3世纪和4世纪时,这条路用来将白垩石从古柏林的采矿场运往耶路撒冷,好给房子抹泥灰。白垩石矿坑如今变成了巨大的地下洞穴,里面栖息着数百只寒鸦———一种体积小巧、外形漂亮的乌鸦,长着灰脖颈、黑面颊和白色眼睛。它们飞进飞出地下洞穴,那里通往古代的矿坑。自1950年左右起,寒鸦就占据了这些白垩岩的洞穴。那之前,它们只是作为从欧洲迁徙来的候鸟到此越冬。现如今,附近一个生产乳品的基布兹*可提供充足的食物,这些寒鸦就常年待在此地,而不向北飞回欧洲了。

在内提夫拉梅德赫(Netiv HaLamed-Heh)附近有一座大山,一处很像是有寒鸦筑巢的大山洞也是人类活动的产物。这是一处"覆盖着古代遗迹的土丘"。这个公元前3000年至公元前500年人类定居的遗址如今遍地都是大片大片的鲁冰花(*Lupinus pilosus*),盛放着鲜亮的蓝色花朵,其间夹杂着一丛丛粉紫色的仙客来,挺像我家那边园艺商店里通常出售的种类。浅黄色似雏菊的菊科植物零星地点缀着,还有卡梅尔兰花(*Ophrys carmeli*),这种植物的花朵外观很像雌性蜜蜂,以此蒙骗蜜蜂。这些兰花闻起来也很像雌性蜜蜂的气味,故可以引诱雄性蜜蜂前来交配,因此帮助兰花传粉。(当然了,花朵是植物的性器官。花朵为动物提供性服务,这听上去令人啼笑皆非。)我将一个小树枝插进其中一朵兰花里,当我抽出树枝时,那上边沾了一小片黄色的花粉,这就如同

---

* 即 kibbutz,以色列的一种常见的集体农场。——译者

是一只不辨是非的雄性蜜蜂,它会将花粉传给下一朵它到访的花。阿维指给我看另一种兰花,开着许多微小的花朵,样子很像一个蚜虫群落。食蚜蝇的幼虫以蚜虫为食,故它们要在蚜虫群落中产卵。因此在寻找蚜群的这个过程中,食蚜蝇就帮助兰花传了粉。这个长期过度放牧的国家被人类占据已有几千年,但仍有2387种野生植物来养活约1500至2000种蜜蜂(迄今仅有800种蜜蜂被记录)。其他有关授粉之事还有多少尚未被描述呢?

不出所料,春天的犹大沙漠几乎是一片红色的花海,其间零星地分布着红色的冠状银莲花(*Anemone coronaria*)。它们的花在还很幼嫩时生有黑色花心。花朵为深红色,强烈浓郁。每朵花都生有雄蕊群和雌蕊群,雌蕊先熟,早于雄蕊成熟期2至3天;由于花粉(由雄蕊产生)仅在受精完成后约10天才散出,这就避免了自花传粉。银莲花在花粉期会释放信号,花朵显现出一圈白环。每朵花平均可散出200万粒花粉,适宜经由风媒散布至近处的花朵,以及由虫媒传播到远处的植株。

我在耶路撒冷居住的公寓附近有一块空地,那里生长着许多冠状银莲花,属于毛茛科植物,花期正盛,那上面有许多小小的圣甲虫(也即蜣螂)。大多数花金龟亚科的甲虫都食用花粉,它们会在花丛中快速地飞着,然而这些圣甲虫看起来是不大爱动的。我在许多银莲花上都见到过成对的圣甲虫在交合。这些花为圣甲虫提供的是否不仅是个过夜的场所,还是个幽会之处呢?雄性和雌性圣甲虫总得在某处相遇,所以趁着在这些醒目的、大力推销自己的花里休闲之时来相遇,何乐而不为呢?这里有花粉,正是雌性圣甲虫所需,它们要为产卵储存蛋白质。确实,我观察到了雄性圣甲虫在内里有一只圣甲虫的花上停留,当时当刻,它就打算要和那只雌性圣甲虫交配了。

显然,雄性圣甲虫只把食物奖励放在第二位考量。我研究了这块空地上的1548朵银莲花,测定结果是,如果一朵花里有一只圣甲虫,它就要比没有圣甲虫占据的花多出35倍的概率吸引其他(雄性)圣甲虫；这些花简直都要"铺上红地毯"来吸引圣甲虫了。尽管雌性圣甲虫被吸引来花朵的主因是为着花粉，但最主要的传粉者还应该是这些前来寻觅配偶的雄性圣甲虫。雌性圣甲虫待在原地按兵不动，而雄性圣甲虫则不停地从一朵花飞往另一朵花，直到它们找到一只雌性圣甲虫为止。这显然是一种共赢的合作。在南非的纳马夸兰沙漠，有另外一对圣甲虫和花的联合，一种南非雏菊(*Gorteria diffusa*)的花瓣上生有装饰性的斑点，拟态成甲虫的样子，形象逼真，让人们还以为自己所见是真的甲虫呢。

在这里不只是冠状银莲花开红花。类似雏菊的植物在缅因州生着白花或是黄花，在这里则是以红色的侧金盏花属(*Adonis*)植物(属于菊科)为代表。沙漠里的罂粟花[亚洲罂粟(*Papaver asiaticus*)，是罂粟科植物]是红色的；我家那边的毛茛科植物的花是鲜亮的黄色，而这里花毛茛(*Ranunculus asiaticus*)花朵鲜红，外观上跟当地的罂粟花和银莲花很相似。

在以色列的地中海地区有大约15种植物进化出了大型的红色碗状花朵。当考虑到其中一些花已经和它们可能的原种相距甚远，这种趋同进化就尤为惊人。例如，毛茛属植物在全球有大约400个种，只有3种毛茛开红花，并且这3个物种仅生长在地中海地区。它们都生着茶杯状的花，比起其他地区那些开黄花或白花的毛茛，前者的花要宽出后者至少两倍。生长在欧洲的野生郁金香多为黄色，但在地中海地区，野生郁金香以红花为主。

在同一个地理区域，许多不同种的植物都进化出红色碗状、有花粉的花，这是很独特的。从对蜜蜂的行为研究中，我们可以推测一旦某个授粉者被某种"商品"——例如红色花朵——给"钩住"，接下来其他植物就能更加容易地利用这一点，只要这些植物不那么常见，或者花期和它们所模拟的对象略微错开。阿维已经做过记录,尽管不同植物物种的花期是有重叠的,但这些物种各自花期最盛的那几天确实还是互相错开的,一个物种接着另一个物种开花,这样贯穿着整个短短的季节。开花的顺序并非随机碰运气的事儿,因为在一个生态同功群里,如果其中一个物种在某一区域消失,其他花期在此前或此后的物种就会将它的花期延长,填补上这段由物种消失造成的时间空档。

这些红色花都很少由蜜蜂来授粉。取而代之的是,当不靠风媒授粉时,它们首要依赖的是粗角金龟属(*Amphicoma*)的圣甲虫。正如任职于以色列海法大学的戴夫尼(Amots Dafni),以及他的来自其他研究单位的6名同事于1990年所报告的那样,这些甲虫对形状和气味反应较弱,但却被红色强烈吸引。戴夫尼和同事们将一些不同颜色(红色、蓝色、黄色、绿色、棕色和白色)、无味、花朵形状的塑料茶杯散布于野外,来诱捕甲虫。他们捕获的甲虫共计146只,其中有127只是在红花模型里捕获的。其余的18只甲虫则较为均匀地分散在其他颜色的模型里。这些甲虫跟我经常在红色银莲花上所见的是同一个物种。但是它们在罂粟属同资源种团里所有的红色花朵上也都是很常见的。花粉是这些甲虫可靠的食物,甲虫的觅食行为也得以进化,可以找到并利用这些花粉;然而,红色花朵提供给这些甲虫的可能远超过花粉。红色对甲虫而言是一种性广告,在甲虫利用了花期在前的物种的红色作为性信号之后,花期在后的物种也会依次"利用"习惯于同样颜色信号的甲虫。可见,一个有针对性的选择压力可以影响到其他物种。

在沙漠里,在对于植物极其重要的花期里,这些花儿在招徕顾客:可以过夜的庇护所,性服务和早餐都在床上解决!——这是一个共赢的合作。犹大沙漠里,粗角金龟属的甲虫得到了"红毯铺地"级别的待遇,我们呢,就瞧着好戏上演啦。

合作任务：与螨虫协同作业

《博物学》，2017年5月

　　加拿大圭尔夫大学的昆虫学家马歇尔（Stephen A. Marshall）是公认的研究蝇类的专家，他曾经描述过丝光绿蝇和反吐丽蝇（blowfly，都属于丽蝇科）是如何"在它们身体几乎要贴上地面"时迅速产卵的。它们每批产卵150—200枚，每只丽蝇一生可产卵达2000枚。在夏季炎热的环境里，这些卵孵化出幼虫只需几个小时，几天之内就可以发育为成虫。麻蝇（Sarcophagid fly）有时会利用丽蝇作为寄生资源，将自己的蛆产在后者的幼虫上。我曾经计算过，在豪猪、浣熊以及美洲旱獭死后几分钟内，就有多达95只丽蝇聚拢至它们的尸体。在气温达30—32摄氏度时，丽蝇的蛆虫能在3天之内就将这些尸体化作仅剩一堆兽皮、骨架和毛发。

　　在夏季，腐肉是一种竞争十分激烈的资源。许多种昆虫彼此争先恐后，同时还要和一些哺乳动物以及鸟类竞争，去获得一具新鲜的尸体，并要抢在竞争者之前将尸体消费完毕。在缅因州，当面对较大的尸体时，丽蝇通常都是最先吃完的，它们在众多竞争者中占据主导地位。然而，在处理体形较小的尸体时，例如老鼠、鼩鼱和鸣禽，通常抵达现场并将目标快速移走的是覆葬甲虫，也叫"教堂司事甲虫"，属于覆葬甲属

(*Nicrophorus*,鞘翅目,埋葬虫科)——也就是说,它们将一具尸体抬走并掩埋于地下,留待日后享用。

大型的哺乳动物有力气和能力,仅凭自己轻易就能将尸体挪走。但是对于一只埋葬虫来说,想要移动一只鸟或一具哺乳动物的尸体——重量可达它自身重量的200倍——然后埋起来,这就需要与配偶、螨虫、甚至是潜在的竞争对手们协同作业。

在某个夏日的夜晚,我注意到一种在缅因州常见的埋葬虫:绒毛覆葬甲虫(*Nicrophorus tomentosus*)。它栖息在一墩松树树桩的支脚上,纹丝不动。它开始以腹部尖端冲着空中,释放信息素的腺体其薄膜清晰可见。这只甲虫想必是在散播一种引诱的气息来吸引配偶。我等着瞧。没多久,一只同物种的甲虫就来了,以之字形路线绕来绕去,前前后后,贴近地面飞行。从颜色、体积和飞行模式上看,它几乎和一只黄色的、毛茸茸的熊蜂没什么分别;如若不是我曾读到过对此种甲虫拟态的研究,我可能还真就会以为这是一只熊蜂,属于那几种黄黑相间的熊蜂中的一种。

从体形和标识上看,雄性和雌性覆葬甲虫几乎是一模一样的。毫无疑问,后飞来的甲虫是循着那只栖息不动的甲虫散发出的气味一路寻来。它迅速地将目标范围缩小至树墩,并落了下来。那只原本好似昏睡状态的甲虫突然向着新来者而去,爬上它的背,开始交配。一般而言,甲虫及其他昆虫的交配行为会包括长时间的"保卫配偶",在这期间内雄性对雌性形影不离,可持续几小时或者也许多达几天,由此防止或降低竞争对手可能会"贡献"精子。但是,我观察到的这对甲虫却没有保卫配偶的行为;这对佳侣没过几秒钟就分开了,后来的那只甲虫——我原本还推断它是雄性呢(基于昆虫通常的行为规范)——飞走了。先前那只纹丝不动的甲虫继续保持着僵硬的状态,其腹部尖端对着空中,大概是在发送信息素。

图2.7　飞翔中的绒毛覆葬甲虫在模拟熊蜂。

　　有两点我没有弄清楚。首先,实行一夫一妻制、合作养育后代的昆虫为数不多,覆葬甲虫就位列其中。它们将食物(即尸体)储藏在地下并加以利用, 在那里定居,结为夫妻。但眼前这两只看不出有结合的迹象。其次,按照昆虫通常的行为规范,雌性覆葬甲虫释放信息素招徕雄性配偶,但眼前的情形性别角色有所倒置。要不然就是我看错了?为了查明情况,我留下来观望后续发展。大约15分钟后,另一只同物种的甲虫飞来了,此前的交配行为重复了一遍,几乎是分毫不差。我觉得这很有趣,又令人难以相信,就继续等待着,不到一个小时,同样的行为模式第三次发生。

　　正如我后来所了解到的,我那时并没有弄错。雄性覆葬甲虫散播气味吸引雌性覆葬甲虫已经为人所知,尽管个中原因还未能发现。意识到快速搬运和埋葬尸体的必要性,我推测,作为确保获取食物的一种适应性改变,延长交配时间的惯例在覆葬甲虫身上早就被摒弃了。这些甲虫必须要在蝇类以蛆虫占据食物资源之前夺得先机;也许,在一具就要被它们抬走的尸体上，求偶行为会分散精力，使甲虫们不能优先解决埋葬尸体事宜。

还有很多其他的明显不合常规的事情。通常在老鼠尸体上可观察到显然是配偶的一对甲虫；与之形成对照的是，在我所仔细研究过的不少于12具**大型**尸体上（小至豪猪，大到鹿和驼鹿），我没有发现哪具是由成对的甲虫来处理的。在夏季，这些尸体大部分是由蛆虫处理。另一方面，鸡那样大小的尸体或者是由蛆虫独占，没有埋葬虫参与，或是同时由一打或两打埋葬虫占领。很明显，埋葬虫们是在传播信息素，彼此吸引着抵达相同的进食地点。我亲眼所见多达9只绒毛覆葬甲虫纷至沓来，到同一具老鼠尸体上，在那里许多只甲虫向上举着身体后端在释放信息素；而与此同时，附近有一具鹿鼠的尸体却无甲虫问津。很明显，眼前发生的事情已经不仅是关乎一对甲虫配偶喂养一窝后代了。通过观察，我推测，问题的答案还涉及了螨虫。

抵达尸体的覆葬甲虫大多背负着数十只黄色的螨虫。许多种类的螨虫以吸血为生（我曾亲眼所见螨虫将一整窝菲比霸鹟的雏鸟全部杀死在它们的鸟巢里）。然而，覆葬甲虫可没打算要除掉这些体积相对较大、又很扎眼的螨虫，也没有对之采取防御措施。覆葬甲虫对螨虫十分宽容，由于螨虫以蝇类的卵为食，故这些螨虫的行为可以转化为甲虫自身的优势。

当一只甲虫在尸体上落定后，螨虫就跳下来，去毛发和羽毛间寻觅并吃掉蝇类的卵和幼虫。螨虫依靠甲虫将其运送到食物所在地。随着许多只覆葬甲虫在同一具尸体上将螨虫"卸货"，这些甲虫无意间就帮助了彼此，阻止尸体被蝇类蛆虫占据。然而，一对甲虫配偶匆匆掩埋一具小型尸体时倒未必需要螨虫的参与；但处理大型尸体时，螨虫帮助甲虫配偶赢得了时间，这点优势必不可少。

尽管许多只甲虫参与了尸体处理的初期阶段，但随后，一些甲虫就会离开,当尸体掩埋完毕,通常就只剩下一对甲虫配偶。这对配偶在尸体的表面或内里筑巢,抚育后代。它们移除掉尸体的毛发(或羽毛),将唾液涂抹在尸体表面或内部。甲虫的唾液包含抑菌或杀菌成分,细菌是甲虫的第二大食物竞争者。

关于甲虫们的合作之事有更多存疑之处,疑问之一倒不是处理尸体的过程或者尸体所有权,而是如何将尸体移动到合适的埋葬地点。这些甲虫如何完成尸体的物理移动呢?它们又是如何集体选定一个目的地,向着相同的方向搬动以及彼此之间不相互妨碍的呢?

在一项实验中,我在一块面积为几平方米的区域放置了5只刚刚捉到的白足鼠属(*Peromyscus*)的鹿鼠。第一日,没有甲虫动过它们;但随后的那天,每只鹿鼠上都有一只或更多的绒毛覆葬甲虫光顾。为了检测哪只鹿鼠会被运走(如果有鹿鼠被运走的话)、运输距离以及运输方式,我将其中2只鹿鼠放在20厘米见方、树皮制成的木板上,木板下方是湿润、松软的土壤。甲虫们将鹿鼠尸体搬离坚硬、平整的木板表面,埋在附近松软的土壤里。我将其他3只鹿鼠放在坚硬、干燥的地面,上面撒满了干燥的壤质细土,在这里甲虫应该可以很容易挖坑,但是深度又不足以掩埋一只鹿鼠。不消一小时,覆葬甲虫们就已经将这几只鹿鼠沿着干燥沙质的土壤移动至合适的埋葬地点,那里铺满了疏松的壤质土。一小时后,天黑了,有2具鹿鼠尸体被埋了起来,仅留尾巴尖儿露于地面,另一只鹿鼠则不过是半掩于土中。打理这具鹿鼠尸体的甲虫往往位于其底部,还会再偏离个半米或更远。它还会返回尸体处,然后向着另一个不同的方向移动。它独个在疏松的碎屑和土壤底下挖着,之后会露个头,接着再去"闲逛"一番。它的行为看上去漫无目的,但也许这就是一个线索——很显然,在这些甲虫开始移动寄主尸体之前,它们在寻找一处合适的地点。

翌日上午,由"闲逛"甲虫打理的那只鹿鼠尸体已经不见了。甚至连它此前露在地表的长尾巴尖儿都踪迹皆无。我在四周挖坑,寻找那具尸体,它已经被移走了。于是,我在此前那只甲虫去"闲逛"了好几次的地点挖坑,就在哪儿,离原地点约83厘米,我发现了被埋好的鹿鼠,但是眼下尸体下方只有一对覆葬甲虫。要么就是那只"闲逛"甲虫,或者是这对佳侣,已经将鹿鼠搬至此处,而这个动物比任何一只甲虫都要重上至少100倍。

覆葬甲虫从来不会非常明显地推动或拉动鹿鼠尸体,只是很缓慢地移动它(我那时没看见这对佳侣,它们躲在鹿鼠尸体下面)。想要弄清楚它们会怎样移动尸体就需要做个实验。我拿来一扇纱窗,将之绑在两个树墩之间,这样我就能平躺在纱窗底下抬眼观察,我在纱窗的一端放了一堆适宜埋葬一只鹿鼠的土壤,旁边还有一具短尾鼩鼱的尸体和两只处理它的覆葬甲虫。我在纱窗底下仰面平躺,我观察到这对甲虫配偶在纱窗上移动鼩鼱的尸体,将之推向那堆土。体积较小的那只甲虫主要执行侦察,另外一只主要负责尸体移动。每只甲虫都身处尸体下方爬行,以其背部贴近纱窗,头部向着土壤的相反方向,以腿牢牢地攫住鼩鼱,也以腿推着它向前移动,而与此同时,甲虫自身是待在原地不曾挪动的。当甲虫位于鼩鼱的另一端时,它就露出来了,纠正一下自身的位置,向后走到鼩鼱相对的那段去。这两只甲虫都在重复这个动作,直到这对佳侣把鼩鼱完全挪到了它的埋葬地点。在那儿,它们从尸体下方推开土壤,好让其陷下土去。

尸体埋葬后,这对覆葬甲虫配偶就藏在它们的地下幽居抚育后代,几周都不现身。它们以一种半被消化过的肉浆来喂食幼虫,直到幼虫可以自行取食尸体上的腐肉。随后雄性甲虫就会离开,雌性甲虫多留守几日,那之后便各自寻觅新的配偶和一具新的老鼠尸体,重复新一轮的生命循环。

我有时曾见绒毛覆葬甲虫栖息在树叶和草茎之上,尽管更多时候

图2.8 一对绒毛覆葬甲虫配偶在合作搬运一具短尾鼩鼱的尸体至埋葬地点,同时反吐丽蝇和丝光丽蝇已经蓄势待发,要开始在尸体上产卵了。

它们都处于飞翔状态。不像大多数的覆葬甲虫在夜间飞行(可能为着安全之故),这种绒毛覆葬甲虫属于昼行性。它们能够占据白天觅尸的小生境,这种甲虫就获得了一种优势,抢在夜行性甲虫们活跃之前找到尸体并占为己有。昼形性作为一种特性使优势成为可能。

　　所有的覆葬甲属甲虫都是黑色的,而且多数在其翅鞘(翅膀的"剑鞘")上横生着鲜亮的橘色条纹。这些鲜明的标记令人无法忽略。但一只绒毛覆葬甲虫刚振翅起飞的瞬间,人们所见就只有鲜艳的黄色。正如已经提到过的,这种甲虫看起来像一只熊蜂,行为也极似一只正在觅食的熊蜂,连声音都模拟得惟妙惟肖。它们突然之间能模拟成熊蜂,其魔力令人惊叹,有学术论文曾对此进行过描述,重点探讨了这种黄色模拟的源头是熊蜂胸部的黄色绒毛。这种黄色确实很抢眼,它是甲虫"装样子"行为的一部分,然而,黑色甲虫身上的鲜亮橘色条纹突然消失,个中细节尚未被提及。这一点似乎有些怪异,因为绒毛覆葬甲虫及其他种覆葬甲虫的翅鞘折叠起来是盖住腹部的,而甲虫飞行时我们所见的黄色却显然只是来自胸部。黄色固然显眼,但是为什么橘色却突然消失,而且又没人探讨"消失"这个现象呢? 若不是因为我仔细地观察了覆葬甲虫的行为,继而研究了它们的解剖结构,我也很可能会忽略这个问题。

　　覆葬甲虫的飞行机理和其他甲虫相去甚远；一些甲虫，它们飞行时翅鞘是向侧面展开的，就好似是飞机机翼。另外一些甲虫的翅鞘则保持贴紧腹部的状态，起到保护作用，同时降低空气阻力，确保快速飞行，例如金龟子科的甲虫。对于覆葬甲虫也是如此，它们飞行时翅鞘会保护腹部；然而，这对通常是黑色掺橘色的鞘翅是扭动和完全翻转的，故起飞前还是向下的鞘翅会突然向上。平常隐藏着的黄色、毛茸茸的鞘翅底部眼下就全都露出来了。在刚起飞时，眨眼之间，甲虫乔装改扮成一只舞动的熊蜂即刻发生。这样，覆葬甲虫就能够躲避鸟类的追捕了，因为鸟类不吃熊蜂，被熊蜂蜇一下太痛苦了。因此，这个拟态就容许绒毛覆葬甲虫在白昼自在地飞行，在这点上可能会有别于没有此种特征的甲虫们。发现不能刻意去找寻；总是像这样，多数时候，发现是在那些似懂非懂的领域里不经意间得来的。

豉甲虫：敏捷的涉水者

《博物学》,2017年12月—2018年1月

　　在巨大的水面上涉水而过是一项风靡整个北美洲的休闲娱乐活动。豉甲虫(豉甲科,Gyrinidae)从事此项活动已经至少2亿年之久了,起始时间不晚于侏罗纪初期。如果受到威胁,豉甲虫就会下潜,待在水面之下,通过盖在翅鞘底下、身体后部背着的一个气泡呼吸氧气。当氧气耗尽,气泡内含氧较少的空气被部分地挤压进水中,由此气泡内的氧气得到补充(这里气泡的功能类似于一个真正的鳃;水中的氧气扩散进来,豉甲虫呼出的二氧化碳释放出去)。如果它们漂浮其上或潜水的地方变得不适宜了,豉甲虫也会飞往另一个池塘、湖泊,或者溪流。然而,在通常情况下,这些黑亮的、长度可达1厘米的豉甲虫就在水面上漂浮着,很是显眼。20世纪70年代末期,我曾在明尼苏达州北部的伊塔斯加湖上发现了几千只豉甲虫,明尼苏达大学实验站就在那个湖边上,那时候我在这里帮忙讲授一门野外实习课程。

　　在伊塔斯加湖沿岸,我看见这些豉甲虫聚集在一起形成紧密的小团体或是群。数百只、有时是成千上万只豉甲虫占据着一平方米。它们几乎不移动,除非当我在距它们几米之内划桨,此时豉甲虫们一番狂游,水面沸腾了;之后,10至15秒之内,它们在相同的地点重新聚集并

平静下来。终日闲待在"大船队"里,这些豉甲虫们可能会在做什么呢?我很好奇。然而,天黑之后,一些独立的豉甲虫Ⅴ型波浪轨迹清晰可见,它们沿着湖岸掠过水面,远离了任一个豉甲虫群。我想知道这些离群的豉甲虫们是从何而来,它们加速游动又要向何处去呢?我认为划独木舟追逐这些豉甲虫也许可以找到问题的答案;由于划独木舟的技能对于跟随这些敏捷的涉水者是必要的,我聘请了沃格特博士来帮我,那时他还是个生物系的学生,也是名强壮的户外活动者。

接下来的3周,豉甲虫对我们划独木舟的技能进行了测试,沃格特和我几乎在每个白天、有时在夜间,沿着22千米长的湖岸线划舟展开调研。我们发现了27个豉甲虫群,共有将近400 000只豉甲虫。每个群都含有50—200 000只豉甲虫不等。日复一日,每一个豉甲虫群都待在原地不动,但有些群的豉甲虫数量却在增加,而另一些群的豉甲虫数量在降低。然而,白日里我们顶着太阳,沿着田园风情的河岸而下,河两岸野生的稻米腰身低垂,芦苇随风扬起复沉下,蜻蜓就在其间嬉戏,这途中我们却难得瞧见一只单独行动的豉甲虫。而在夜深人静时分,或是寒冷的黎明,我们通常可见一些离群的豉甲虫。和早先预测的相反,我们发现豉甲虫属夜行性。

太阳落山后大约20分钟,豉甲虫开始活动,此时豉甲虫群附近的水面变得翻腾起来。豉甲虫兜圈子和它们静止不动的时段交替进行着。随着天色变暗,豉甲虫群开始扩散,那些单只的、或在一些小队伍中的豉甲虫开始远离群附近区域,沿着湖岸,排列成直线出游。那些靠近独木舟的豉甲虫来捉我们击中并丢下去的蚊子;因此,它们显然是离开群体开启觅食之旅了。它们似乎并不仅仅是通过视觉寻找食物的(尽管豉甲虫是复眼,一部分在水下,另一部分在水面之上),还通过另一个不同的机制:使用它们的触角。

大多数昆虫的触角都是长的,有时还生有羽毛,主要用作气味探测器。豉甲虫的触角较短——凭我们的肉眼几乎不可见。这些触角适应性地成为声呐装置,用来探测障碍物和食物。

每条触角的基部都漂浮在水面上(同时一条短的、棍棒状的部分竖起伸入空气中,刚刚凸出于水面)。当触角漂浮其上的水面受到干扰时,对应的右侧、左侧或者是双侧触角就会抬高,触角上有机械感受器,刺激相对应的那条触角基部上的神经。根据水流波动的方向和性质,豉甲虫的大脑会对由触角传进来的机械信息进行解码[埃格斯(Friedrich Eggers),1927]。豉甲虫通过持续游泳来觅食——这是夜间我们在豉甲虫中观察到的,这种觅食方式产生的波浪脉冲会从豉甲虫正前方的物体反射回来,知会它物体的性质和行为。[在动物声呐中有同样的原理,于1940年由格里芬(Donald Griffin)发现,他证明了:在黑暗中,蝙蝠凭借脉冲声波,以及探测由物体反射的回音来定位飞行中的昆虫。]

那些在群附近的豉甲虫沿着"之"字形或者绕小圈移动,它们快速地运动,却几乎没有前进半步。那些离了群的豉甲虫们以笔直的路线前行,每分钟可移动30米左右(每秒前行的距离约为其身长的50倍),这个速度足以快到可在13分钟之内前行0.8千米(这是豉甲虫群之间的平均距离)。

在距离一处豉甲虫群100米开外的任何地点,净豉甲虫流量在夜幕初降之际是离群的,午夜时分豉甲虫离群和回流双向进行,黎明前以回流为主。正如这项数据所显示的,也许一些豉甲虫在每个黎明时刻都要"归乡",返回到它们的"出身之群"。为了弄清原委,我们需要就其来源识别一些个体,故此我们从一个大的群里捉来680只豉甲虫,并对它们进行了标记。

我们的捉捕策略也很简单:我们将所乘的独木舟停泊在离目标豉甲虫群大约100米处,我们中的一人在独木舟船首保持平衡站立,手持一张捕昆虫的网。另一个则在船尾,尽最大力气划水,使水流直接朝向、进入并穿过豉甲虫群。负责捉捕者用虫网快速地扫过豉甲虫群几次，要抢在它们散开或者潜下水之前。然后我们在所获豉甲虫的翅鞘上涂了红色，就立即将它们放回去，随着豉甲虫群恢复平静，它们重新融入了群里。

那天晚上，跟往常一样，许多豉甲虫离群而去，沿着湖岸线上下求索。不消两天，我们就已经重新调查了所有之前定位过的豉甲虫群。被标记的豉甲虫不仅重现在它们原初的群里，也几乎遍布在伊塔斯加湖那两处狭长的港湾中所有的豉甲虫群里。这表明豉甲虫可以加入其他群体，而**无需**"归乡"。随后对群附近的豉甲虫的观察也提供了线索，揭示豉甲虫即使没有"归乡"，如何也能够聚集一处生成相对稳定的群。该机制涉及豉甲虫间彼此追随，就像我们跟踪它们时所发现的那样。

许多豉甲虫整个晚上都待在它们的群里或位于离群不远处，它们以个体为单位，就在群的周围觅食，以"之"字形路线四处运动。然而，接近黎明时分，这些豉甲虫开始彼此相随。它们组成了一列列的队伍，每列都由几只豉甲虫一只跟随着另一只地排好，还会有其他豉甲虫加入其中。一个小组里的豉甲虫越多，小组移动的净速率就越低，因为一只豉甲虫是绕着另外一只回旋游动的。它们越是跟随着群里的其他个体，整个群向他处移动的净前进幅度就越小。因此，一群群的豉甲虫就加入了原初的群，群的中心位置由那些一直待在群里的豉甲虫决定。

豉甲虫仅在水的表面上进食，在那里它们寻觅并捕捉受困于表面张力的猎物。它们依靠和猎物近距离相遇进行觅食，因为豉甲虫的声呐系统仅在几厘米之内起作用。豉甲虫移动的速度可换算成移动的距离，以及每单位时间内遇见的猎物数量。因此，豉甲虫在水面滑行的速度就很可能是处在强大的选择压力之下，这就能够解释它们高度流线型的、光滑的锥形体态。它们身体上的油质覆盖层也会降低摩擦阻力。

豉甲虫的第一对足可用作钳子,专事抓握物体;同时,后面两对足适应性地起到船桨的作用。中间那对足每秒可划水25—30次,也兼具移动功能。而最后一对足是豉甲虫身上最能类比成一艘船之螺旋桨的部位,翻搅水的速度每秒可达55—60次(是蜻蜓扑扇翅膀速度的两倍)。

一只豉甲虫的世界大部分由波浪组成,波动力学对豉甲虫而言很重要,就如同波动力学对一艘船的性能很重要那样。在水表面的物体会产生两种波。一种是表面张力波,向物体的上游传播;另一种是重力波,被带到水面移动物体的下游(或者反之亦可)。船首处的表面张力波提供了一个障壁,因此为速度带来阻力,船只利用这个现象相应地调整它们的速度,以节约能源。相似的,为了获得最大速率和最低能量消耗,豉甲虫并不"迎波而上",而是在前方表面张力波和后方重力波之间的波谷里游弋。

尽管豉甲虫的形态和生理机制可对其本领的诸多方面加以解释,包括它们是**如何**能在夜间捕食的,却没有向我们展示**为什么**豉甲虫在伊塔斯加湖上是夜行性的,也没有就它们聚集成群给出原因。然而,豉甲虫的其他特征以及比较生物学,却为可能的解释提供了线索。

一只豉甲虫在水面掠过,确定其位置很容易,因为远远地就能看见它身后两侧在水面上留下的波浪。因此,一只移动着的豉甲虫很容易成为目标,一条靠视觉来捕食的鱼就几乎不可能错过它。但是,如果鱼凭借豉甲虫留下的尾流来辨认出它,就像一只鸟通过红色识别一只瓢虫那样,它可能就会学着躲避那种令之讨厌的气味,这气味散发自臭乎乎的、有防御功能的分泌物(豉甲虫醛,一种倍半萜类醛)。一些瓢虫也会聚集起来成为大群体。由于其警戒色(起到警戒捕食者作用的颜色),这些瓢虫极度显眼,但它们也被散发着臭味的分泌物保护着。

豉甲虫们聚集成群对其中每个个体而言都将是一处庇护所。豉甲虫群不仅降低每个个体被袭击的风险,还将它们的毒性汇集起来,提高抵御能力：生活在豉甲虫群附近的鲈鱼或者太阳鱼很快就会对豉甲虫的外表和气味变得熟悉，要躲避它们。然而，在大型湖泊中心的鱼类，与豉甲虫群较远地隔离，可能会将豉甲虫产生的波浪视为进攻的强烈刺激因素。为了检测这些鱼类是否可能会被吸引，我们将一些豉甲虫带离它们的群，运送到湖心并将之释放。正如所预料的，在湖心，鱼游上来捕食豉甲虫；但是，那些被带到某一个群附近去释放的豉甲虫，我们却没有看见任何一只被捕捉。因此，豉甲虫聚集成群和夜间觅食很可能是一种针对鱼类捕食的防御性策略。

第三篇

渡鸦和其他鸟类

我常惦记的渡鸦

《奥杜邦》,1986年3月

雪花以慵懒之姿盘旋着降至地面,击打在一枝黄花、野生绣线菊和杂草那已成褐色、脆弱的顶梢之上。直到最近,这些细瘦的植物才得以炫耀起那些黄色、白色和紫色的花,花在绿草的映衬下分外抢眼。熊蜂们争先恐后地抢占花朵,为了小滴的花蜜和花粉彼此竞争,十分激烈。这些花粉和花蜜已经在为繁育出新蜂后提供食物了;而如今,新蜂后正在地下,被层层的棉花般轻软、保暖的积雪温柔地覆盖着。

森林一片静谧。那些白喉带鹀、灶鸟和隐居鸫已经飞往了南方。旷野和森林如今独留给那些耐冬的物种:美洲山雀、冠蓝鸦、郊狼——还有南方的乌鸦:渡鸦(*Corvus corax*)。

在这一天,就像这个冬季里其他数不清的日子一样,我透过我那尚未完工的小木屋之原木间某条缝隙向外探视,目光越过雪地,思绪都停留在渡鸦身上。我前方100码之处,在树林的边缘,那里有给渡鸦的诱饵——两具小牛的尸体。一连几日枯坐于没有供暖的小木屋里,密切关注着一只鸟飞来取食,这并不令人兴奋——除非他此刻正遇到一个棘手的问题,为寻求解答充满热情。我正是如此。渡鸦可能是所有鸟类中最聪明的了,它们会彼此合作着寻找食物吗? 这个疑问生发自早些时候一次令我费解的观察,人们本应该由群居觅食的蜜蜂身上预测出我观察到的现象,就像我们年少时曾站立两旁仔细考察野生蜂那般;而不是在独自筑巢的渡鸦身上有如此发现。

如同许多其他野外观察一样,这一次观察也有令人愉悦的惊喜。我在某个凉爽、空气清新的早晨悠闲地散步。新近的落叶染上了风霜,我的足迹深陷其中。我听见冠蓝鸦在上方的山脊处鸣叫。一群黄昏雀掠过山毛榉树,树干上留有熊爪抓挠的痕迹。

一切都像我从其他无数个缅因州之秋天得来的记忆那样。除了眼下,在远处,我听到了渡鸦。但那里不仅是一只或两只。并且,它们的叫声不是平常的"呱呱呱",即那种当两只鸟从头顶掠过时,我们偶尔听到的叫声——它们彼此保持着声音上的联系。眼下这些鸦声听上去好似尖锐恼人的喊叫,很像当一只成年渡鸦回巢喂哺时,小渡鸦们发出的期待食物的叫声。这些鸦叫中有兴奋之情,持续地从大约半英里外的某个相同地点传来。无需使用更浅白的语言,我就能明白,这些渡鸦发出叫声是因为有些东西让它们很激动。循着它们的叫声,我发现那是一具驼鹿的尸体,或者说是些残余部分。一头熊已经撕碎了它,尸体的大部分掩藏在灌木丛中,但肉依然很新鲜。郊狼尚未抵达。与此同时,20多只渡鸦正在享受美味大餐。

冬天,你很难错过这些树林里的渡鸦,但我不见它们已经有几天了。也许一只渡鸦可以凭借运气寻到尸体,但20只呢?我可不会那么轻易就相信这是运气,我必须要有一个更好的答案。即使这20只渡鸦各自独立地发现了这具尸体,那也不意味着它们就自愿分享美味。反而,人们会这样想:渡鸦在冬季依赖腐肉为生,它们为了一具尸体互相争斗才合情合理,因为这对其生存至关重要。

另一方面,合作在动物世界很常见,它通常是恶劣环境下生存的关键。不难预见,合作觅食的策略对渡鸦而言是如何得以成为其优势的。如果20只独立觅食的渡鸦以某种方式交流并分享各自发现的丰富的食物资源，那么，任何一只渡鸦都会多出几乎20倍的概率定期得到更多的食物，尽管可能一次得到的食物量相对就少了。在冬季，除了尸体之外，几乎没有其他可食用之物。并且，由于尸体不那么常见，每一具都会在几天之内就被哺乳动物捕食者和食腐动物清理掉了。因此，通过分享一具尸体，渡鸦们也没有放弃太多，如果它们真有所放弃的话——因为任何一具所猎之物，其最大部分都是一种短暂存在的资源，会被大型食肉的哺乳动物所消费。为了检测该合作理论的可靠性，整个冬天，我都在布置动物的尸体。根据理论推测，一头鹿、一只山羊或者一头小牛的尸体，如果被一群郊狼发现，将会在几乎一夜之间消失殆尽；而若是几只渡鸦来进食，那就几乎不留下什么显眼的痕迹。

从表面上看，我在缅因州的营地其周边森林现如今和二三十年前比没有什么不同。彼时我就已经很了解它们了。11月，小雪覆盖地面，白尾鹿徘徊其上寻觅雌鹿，我追着它们的踪迹，一路穿过山毛榉、槭树混合林，沿着冷杉和雪松生长的森林沼泽向下，再次折返越过硬木林，爬上覆满云杉的山脊。那里没有大型捕食者的足迹——没有狼，没有郊狼，也没有美洲狮。并且，我几乎很难听到或瞧见一只渡鸦。

但此20年间，事物已经发生了改变：几乎是同时的，郊狼和渡鸦业已移进这片区域。从营地那儿，我经常听见郊狼在夜晚嚎叫。白日里，我瞧得见它们留在雪地上的足迹，大约10小时后，在林中，我总会看见一只渡鸦，或者至少能远远地听见渡鸦的叫声。

关于郊狼移至此地并定居的原因有多方猜测。普遍盛行的观点认为：郊狼从西北方向来，填满了狼被全部消灭后留下的生态位。但是，为什么渡鸦也在差不多同一时间到来了呢？是不是因为这两者之间有某种关联呢？

我彻底弄明白了，如若没有将尸体撕开的捕食者，渡鸦是不会食用那具驼鹿尸体的。渡鸦虽有强壮的喙,但在一个未经损毁的驼鹿头上,它们也只不过能啄食眼睛和一部分舌头。它们亦不能刺透鹿、山羊、小牛甚至是浣熊的兽皮。事实也的确如此,那些没有被捕食者撕开的尸体搁置在那儿,根本就没被渡鸦碰过。通常,有一两只渡鸦会飞来,做一次短暂的每日到访,好像是在查看是否可以"开饭"了。

渡鸦与一些捕食者的联系是众所周知的。渡鸦跟随着狼群,曾有研究报道过,甚至连狼群杀死一头猎物后的嚎叫声都能吸引来渡鸦。因纽特人声称,渡鸦是跟随北极熊的,显然是在等待北极熊捕杀猎物。由于渡鸦与捕食者之间密切的关系,似乎可以想见,这些渡鸦可能会发现一具动物尸体,大约是饥饿致其死亡,它们随后就聒噪起来,唤来一名食腐者,也许是头郊狼。渡鸦依靠这些捕食者执行杀戮,或有赖于食腐者将业已死亡并深埋在雪地里的动物挖出来。然而,在我的实验中,所有的渡鸦在发现完整的尸体后都保持安静。没有一只试图要吸引食腐者。显然,在驼鹿尸体处的叫声并不是为了提醒郊狼或者熊。

渡鸦有一整套呼叫技能,还没有人为其叫声建立过语库。然而,渡鸦发现丰富食物资源时有一系列共通、常用的叫声,其中一种"大声喊叫",类似于德国科学家格温纳(Eberhard Gwinner)描述过的"指示地点的叫声",他曾研究过被囚禁的渡鸦。他已经在羽毛未丰的小渡鸦身上观察到了"指示地点的叫声",它们显然是借此在向父母表明自身所处的位置;同时,鸟巢中的雌性渡鸦也使用这种叫声。如果鸟类通过合作寻找食物,那么,当发现丰富的食物储备时,它们将会使用这种叫声或喊叫,这似乎是恰当的。

毫无疑问,这些叫声可以作为一种强有力的引诱物:我录下了渡鸦在一具被撕开的鹿尸处发出的叫声,然后在现场没有食物的时候将录音回放。好几次,渡鸦由头顶上空径直飞来。很明显,如果渡鸦们想要最小化分享已被捕杀的猎物,它们全然可以保持沉默。诚然,当许多渡鸦聚集在一具尸体面前时,偶尔也会发生口角;而以下事实比口角更为重要:这几十只渡鸦经常在同一时间取食仅有的一具尸体。

如今,我发觉自己的科学好奇心经受住了考验,从拂晓时起,我就待在我那小木屋里观察渡鸦,感到局促且寒冷。我迫切地想看见这种羽毛整洁光亮的鸟,哪怕仅有一只,想听见它们翅膀振动所发出的嗖嗖声。也许要等几个小时或是数日,才有一只渡鸦前来。但那一只会来的,就在某时某刻。它总归会来的;然而,它来之后将有何种行为,其他渡鸦又几时到来呢?

有时连着两天也没有渡鸦出现。但是,今天早上9点40分,一只渡鸦掠过。它盘旋着折返,靠近林中空地停留了24分钟,发出其指示地点的叫声,还有通常可听闻的渡鸦那"呱呱"之声。随后它便离开了。然而,3小时后,它或者是另一只带着第二只渡鸦返回此地,继续呼朋引伴。寂静持续了1小时,但那之后,渡鸦们又叫起来。下午晚些时候,我同时瞧见了4只渡鸦。

没有一只渡鸦飞下来到诱饵处。而随后,一只渡鸦制造出一种奇怪的敲击般的噪音,听上去就像一面金属鼓的咚咚声。"鼓声"每隔几分钟就会继续,然后,一只渡鸦以足前进,它从附近的树林里出来,靠向食物。它几乎就要跳上其中一具小牛尸体了,紧接着,它焦急地飞了回去,一副害怕的样子,几秒后才又返回,再次靠近尸体。这只渡鸦看上去是被吓到了,此外也很饿。一个奇怪的诱饵,就像这些小牛尸体,很容易隐藏着一个为郊狼设置的陷阱。凭借过往的经验,渡鸦会知道其中的危险吗? 这只渡鸦退却了。这天没有渡鸦来碰这些小牛尸体。

当我于次日黎明继续守候时,一只渡鸦已经在附近树林里鸣叫了,随后,整上午都能不时地听见更多的渡鸦在大声喊叫。偶尔有一只渡鸦突然飞下来猛扑诱饵。有很长一段时间似乎没有渡鸦在附近,随后,更多的渡鸦来了。接近中午时分,突然出现6只渡鸦。有4只同时落下

图3.1 常见的渡鸦——空中的杂技演员。

来,组成一个方阵,它们互相支持着以足前行,十分小心,去靠近那具距离较近的尸体。它们继续前进着,保持脖颈挺立不向外探出,直到某只渡鸦去啄食小牛的尸体。霎时间,它们全都跳起来,飞走了。然而,不到15秒钟,这4只渡鸦又重新集结在一处,重复着同样的行为操作;只不过这次另有5只渡鸦俯冲下来加入了它们。

看起来所有的渡鸦都想进食,但是没有一只敢为"鸦"先。接下来,9只渡鸦将阵线拉开,一起前进。再一次,当其中一只渡鸦啄到小牛尸体时,整个小团体成员全都逃走了;然后它们再次重新集合,展开另一场前进之旅。它们在短时间内反复地如此尝试,终于,渡鸦们停住,开始进食,截至傍晚时分,至少有12只渡鸦独自前来又各自离开了。

雪起初零星地下着,继而就开始转成一场暴风雪。次日清晨,这些小牛尸体都被雪掩埋了。除非这些渡鸦会铲雪,不然它们的盛宴只能是短暂的。

整个晚上雪累积了5英寸厚,但是黎明后没多久渡鸦们就来了。其中6只栖落在被白雪覆盖的云杉枝头。它们梳理着松软的羽毛,发出轻轻的"嘎嘎"声。从附近森林里传出其他渡鸦的叫声。它们在埋葬小牛尸体的地点上空往复飞翔,一只在那里降落下来,匆忙又紧张地跳上跳下,随即便飞走了。6点之前,它们全部离开了。当视线所及不再有渡鸦之后，我带着录音机和扩音器离开小木屋，藏在一些云杉树的枝条下面，播放早些时候我已录制好的渡鸦的喊叫之声。6次实验中有4次，一两只渡鸦于15秒之内即出现在头顶上空。我从未曾见过比这些渡鸦更漂亮的景观了。当然这个实验以前就已经奏效过，可是其所蕴含的意义太重要，我不能不去一再重复操作。在我看来，每一次都好似一场奇迹。渡鸦在招募合作者，并分享食物！

隔天晚上，郊狼来了；之前那个晚上，我就已经听见它们在附近山脊上嚎叫了。它们的来龙去脉全都写在了雪地之上。郊狼是组团来的，两天之内，那些小牛尸体就所剩无几了。接下来，渡鸦可能去哪里进食呢？好几个冬天了，我都在这片森林里散步，至多发现过一具小牛的尸体，我可不羡慕渡鸦们的差事。

那天晚上，我终于在我小木屋的炉灶里生起了夜火。亲眼所见渡鸦分享食物之行为确有其事，我的内心早已经温暖如春了；并且，渡鸦的分享行为比我起初预测的还更为重要。分享的结果是每个个体都有食物，同时，可能已经降低了可感知到的风险，那是当在陌生的诱饵处进食时，任何个体都可能会面临的风险。

如今我想着蜜蜂，它们更可能降落在有其他蜜蜂已经在进食的地方，它们也会散播气味（而不是声音），召集短距离内的同伴前来。但是，渡鸦又是如何从较远的距离召集其他同类的呢？有没有一种"渡鸦舞蹈"，鼓动或者邀请身处共同栖息地的追随者前来呢？似鼓声的叫声有什么功能？那只渡鸦沿着山脊飞过，冲着我扬起它的头，现在，它比以往隐藏着更多的秘密了。

尾声

此前的那些观察为我继续研究渡鸦明显的共享以及许多其他行为

奠定了基础。分享行为确实存在。然而,当我成功捕获一些渡鸦并对
其标记以进行个体识别后,我发现它们的分享行为很可能是建立在自
私的动机之上。渡鸦不是利他主义者。它们之所以如此行事,是因为
其间有好处。与之相似,为了研究渡鸦,我招募了许多帮手,他们付出
了相当多的努力,因为这对他们而言也是有回报的。

"愚蠢的大脑"？ 永不复焉！

《博物学》,1993年10月

古代维京人尊奉渡鸦为神的信使,北美洲太平洋西北地区的原住民在其神话传说中赋予渡鸦造福者的角色。甚至今天,在爱尔兰,一个聪明的人被誉为拥有"渡鸦的学识"。渡鸦是缘何获得如此声望的呢? 这种鸟真的聪明吗? 我们在谈论动物智力的时候,所指究竟为何物? 我们又如何测量动物的智力,并将之与动物本能或者习得行为加以区分呢?

动物智能行为的基本假设关乎的不是具体表现,而是意识——某种几乎不可能直接测量的东西。尽管如此,动物意识正在愈发成为科学探索的对象。格里芬是一名动物学教授,任教于纽约洛克菲勒大学和哈佛大学,他从意图的角度出发来定义意识:"一个意图涉及了关于未来事件的心理意象,意图发出者想象着自身作为这些未来事件的参与者,并要作出选择——他要努力使哪个意象成为现实……心理意象的存在,以及它们为一只动物所用,来调节其行为,这为意识提供了一个实用主义的、有效的定义。"

苛勒(Wolfgang Köhler)是最早试图证明,除了人类,动物也有这种自发的顿悟能力的科学家之一。他于1917年报告了一些在当时很惊人的发现,研究对象为黑猩猩。在一个房间里,苛勒将一个香蕉置于6

只饥饿的黑猩猩可触及的高度之上,房间内另有一只木板箱。大多数黑猩猩都热切地向上跳,试图去够取那个香蕉。然而,其中一只黑猩猩却向后退,然后将木板箱推至香蕉底下,爬上箱子,拿到了那枚水果。这是一次幸运的巧合,还是本能、学习或是顿悟能力的一种证明呢?1984年,哈佛大学的研究者以鸽子为对象进行了一次修订版的香蕉实验。和黑猩猩类似,鸽子能推动一根栖木去够取食物,但是需要先**教**它们推动栖木,以及如何跳上去。如果不是事先学习,没有鸽子是自发本能地"想到这个主意"的;鸽子没有这种顿悟能力,它们不能将之前不曾先公开示范过的行为准确地操作出来。

至少50年前就有一批研究者曾对鸟类的顿悟能力提出过假设,他们描述了关在笼子里的鸟类,例如鸣禽和山雀会拉动绳子把食物拽向它们。然而,这些行为却很可能是通过学习逐渐发展而来的。有关此行为,少数几个重要的研究反倒证明了鸟类缓慢学习的能力,而不是行动上突然发生飞跃——正如可能曾假设鸟类面对问题、寻求解决方案时会有灵光乍现的一瞬。

当然,我要谈论的是渡鸦。许多人会相信这种体形优美健壮的鸟类是很聪明的,因此在这里我要陈述一下我的先入之见。我热爱渡鸦和它们的近缘乌鸦,但我对它们的欣赏之情丝毫不会因如下事情而有所改变:它们的行为是否会由顿悟、学习、进化规划,又或者是这些因素的某种组合来指导;无疑,这些因素能以不同的结合方式作用于不同动物(也包括我们自己)的不同行为之上。

不管它的起源为何,渡鸦的行为都是出众的。话虽这样说,我也还是要冒昧作出评论:那些已发表的关于渡鸦智力的证据都是不真实的。迄今为止,渡鸦的博学机智并不是事实,正如它被杜撰出来的狡猾、占卜能力、调皮以及幽默感并非事实一样——尽管几个世纪以来,这些特质都被人们当成真相来接受。可以推测,那些被误认为是渡鸦智力的事物可以由其他假说来解释。

我已经用这个谨慎的观点去看待许多关于渡鸦智力的报告了。例如，最近某鸟类学期刊有一篇短文，描述了一对渡鸦向两名研究者扔石头，后者爬到了一处沙漠峭壁上的渡鸦巢穴。这对发狂的渡鸦父母停在闯入者头顶正上方，移动石块，使之掉落在他们身上。到此为止还没有什么问题。然而，这种行为是针对某个威胁的有计划的反应吗？可能是的，但一个更简单的解释也许就足够了。在缅因州和佛蒙特州，每当我已经爬到渡鸦巢穴处时，通常渡鸦父母中的一只或者两只会在巢穴之中，它们停落在我附近，一直粗暴地乱砍乱劈靠近它们的任何东西，以此来表达其愤怒之情。由于那些都是建在树上的巢穴，不同于悬崖峭壁边的渡鸦，这里的鸟类有许多栖息地可选择。渡鸦落在临近的树上，并没有直接在我的头顶之上，它们折断的小树枝掉在了地面，而不是打在我身上。因此，扔石头的渡鸦所采取的行动基本上和建巢于树上、发狂的渡鸦的行动没什么两样，而具体情境可能会使得悬崖上扔石头的行为好似是聪明理智的，森林里的渡鸦之所为却似乎是荒谬的。

第二篇业已发表的报告描述了一只渡鸦在某块林中空地里上蹿下跳，在那里田鼠们已经在积雪之下挖了地道。报告的作者得到如下结论：渡鸦跳跃是深思熟虑后有意为之，目的是要惊起田鼠。然而，我曾观察过几百只渡鸦，每当它们靠近潜在食物而感到紧张时，就会做这种"杰克跳"。它们在雪地范围之外跳，也在雪地上跳；它们会靠近一只浣熊的尸体跳，也在任何奇怪物品的周围跳；有时"杰克跳"仅仅是出于胆怯。也许这就是一种进化得来的反射性应对方式，使鸟类可以诱出它者的反应，以此区别出活的动物和无生命的尸体。

另外一类经常被报道的有关渡鸦智力的"证据"包括：渡鸦组成团体，合作实现一个共同的、理性的目标。通常的情形是，一个捕食者（例如一匹狼、一只狐狸或一只鹰）拥有的食物为一对渡鸦所欲。一只渡鸦可能会蹑足潜踪地从背后靠近正在进食的捕食者,啄或咬其尾巴;当捕食者转过身来面对袭击者时,第二只渡鸦就扑过去抓取食物。这种情形时常发生,并且也经常被加以引用,作为渡鸦深谋远虑和智慧的例证。但是,在没看到食物的情况下,渡鸦(以及乌鸦)也会以同样的方式去骚扰狗及其他捕食者(并不是前者的同伴)。我的宠物乌鸦有个习惯,它爱咬我邻居家狗的尾巴,这把我逗笑过许多次了。类似地,我那些被驯服了的渡鸦也会去接近并咬陌生的、有潜在威胁性的物体或动物。如果几只渡鸦发现一只老鹰在吃一条鱼,它们就会在附近闲逛,以伺时机。出于一系列原因,其中一只渡鸦也许会去拉捕食者的尾巴。随后另一只渡鸦就逮住机会去夺取一餐。无需去设想什么有意识的深谋远虑来解释这种出色的合作。顿悟,比如说看见一个机会,的确不能被排除,但有意识的合作也没有得到证明。

然而,一些行为又难以用简单的解释去说明。当取食板油时,渡鸦、乌鸦、冠蓝鸦、啄木鸟、美洲山雀以及鸸鸟采取了一种"边啄边食用策略",它们通常切下或撕下的份额是可以一口就吃下去的。在佛蒙特州,靠近我家处,一对渡鸦经常前来取食板油,但是有人在场它们就保持着紧张状态,且试图尽量将待在房子周围的时间缩减至最短。有一天,我不经意地将这对渡鸦中的某只从一大块冰冻的板油处给惊飞了。这只渡鸦已经在板油上凿出了一道3英寸长、多于半英寸宽的沟纹,而不是在一整块上啄、取食一小片一小片的脂肪。脂肪碎屑黏附在沟纹上,因此,如果这只渡鸦的目的仅仅是为了当刻食用,彼时彼处,它原本能够如此轻易地吃到。然而,花同样的时间,比起零零散散地现场食用,通过大分量挖掘,这只渡鸦(如果我没有将之惊走)本可以移动并搬走一块大得多的板油。它似乎是已经牺牲了及时享乐,在当时花了极大的力气,为了能收获更多的回报,留待日后享用。渡鸦在板油上凿出的沟纹好似一段生动的文字说明,描述了渡鸦的计划,它对比了及时行乐和稍后更具潜力的回报。但是,这并不能证明什么。

我设计了一项实验来检测有意识的顿悟在渡鸦行为中可能会起到的作用。我需要给动物们布置一个简单的任务,要由许多独立的步骤来完成。另外,只是部分地完成任务不会得到奖励,这样就可以消除每次只学一个步骤的学习方式。(这种方法和通常的学习范式形成了强烈对比:在后一种学习中,研究者或培训师通过给予奖励逐渐塑造动物的行为,使之适应、完成一项任务。)

我的第一批实验对象是我一手养大的美国乌鸦。我将它们放在一个户外的大型鸟舍里,毗连我房屋的落地窗。除了一根长长的、水平状态的杆子供乌鸦栖息,这个鸟舍内还有些小树。我给这些驯服的乌鸦一个简单的机械任务,即拉动一根绳子,远远地操纵一块肉。由于它们是在鸟舍里人工饲养大的鸟类,我知道它们此前从未见过或使用过绳索。我用一根大约25英寸长的绳子将肉悬挂在乌鸦那条水平状态、可栖息的木条上。大多数但也并非所有的儿童(正如我通过询问他们发现的)能够轻易地想象出一个解决方案:为了得到那块肉,一只鸟将会落在栖木上,就在肉正上方的位置,用它的喙向下够,将绳子拉上来绕着栖木打一圈,踩在绳子上固定它,然后放开喙,再次向下够绳子,将之拉上来绕着栖木再打上一圈,如此这般,重复着这套超过20个步骤的循环动作,直到肉被升高至栖木处。所有这些步骤都需要按照精确的顺序执行。由于这些机械步骤中的每一步都格外简单,故整个任务本身也很简单——但只有当这个生物有顿悟能力时情况才如此。"绳子连接着食物"或者说"它能利用绳子对食物做些什么",对于一只对此毫无概念的鸟来说,这个任务是较为复杂的。我怀疑如若不是经过一个漫长、冗繁的学习过程,一只鸟未必能解决这个问题。

当我留下那块悬挂着的肉,我那两只乌鸦(一天之内我没有喂食,因此,它们会是处于适当的饥饿状态)立即就都表现出对食物强烈的兴趣。它们研究着那块肉，扑向它，然后就对着绳子系在栖木的那一端又啄又拉——这举动跟小孩子告诉我的如果他们是鸟将会如何做一模一样。但是挂在绳索上的肉在15分钟之内却"无鸦问津"。第一天过后，我继续通过落地窗观察那两只乌鸦，要确保自己绝对没有错过任何事情。最终我停止了观察，但还留着那块肉挂在那儿；接下来的几日我更换了肉，也在绳索上挂了各种美味的食物。30天过去了，诱饵依然在那儿挂着。乌鸦没能找到如何接近肉的办法，那之后它们就对之不理不睬了。我自信我本应该能轻易就教会它们，如果一开始我用的是足够短的绳子，这样它们拉一下绳子就已经可以够到那块肉了。然而，即使我去尝试着教会它们也毫无意义。我感兴趣的是它们的"所知"为何，并且相信它们可以学习，就像我知道蜜蜂知晓如何酿造和储存蜂蜜一样，因为其本能为它们的行为编制好了程序。

乌鸦们对这块肉很感兴趣；一旦我为它们将肉升高，并放置在栖杆上，它们必然来抓它，并尝试着要带肉飞走。每次它们这样做时，飞不到2英尺远，那块肉就猛地从它们的鸟喙里给拉出来了。它们并不明白肉是固定在某种东西上面的。然而，分别做了5次和9次这样的尝试后，这两只鸟都放弃了要带着肉飞走的打算，而是落在栖杆上方就地食用那块肉。如果它们被引诱着飞起来，它们总是随即先丢掉那块肉。这表明乌鸦可以快速地学习如何避免食物被夺走，但它们仍然没有得到如下结论：它们是可以借助绳索来拉动这块肉的。这些结果正是我所预期的，其间掺杂着我那谨慎的偏见。

随后，我用5只驯养的渡鸦做了同样的实验，将它们放置在相同的户外鸟舍里，就是我此前曾放置乌鸦的地方。这些渡鸦也是即刻就很靠近地去研究那块悬挂着的肉，但我觉得即使渡鸦们不是立即就能够或者有意愿去接触到肉，它们也维持着一种兴趣。和乌鸦们不同，渡鸦们始终瞟着那块肉，好像是在审时度势。大约6个小时后，一只渡鸦落在了栖木上,向下够着将绳索拉上来绕栖木一圈,踩在上面,又俯身向下够,接着完成了一整套"拉—踩—放—拉"的动作程序,得到了肉。我感到很惊奇,我知道这些渡鸦不可能是已经"练习"过的,因为我已经在不间断地观察渡鸦有6个小时了。这只渡鸦第一次尝试该套动作就将程序执行得完美无瑕。接着,趁它还没来得及享用得到的肉,我立刻就将这只渡鸦从栖木上赶走了。当它振翅起飞时,它立即丢掉那块肉。几秒钟之后,它返回来了,再次迫切地通过绳索向上拉动肉食。眼下已经无法防范这只渡鸦了。每次我赶走它,它都在起飞前丢掉肉食。它上拉绳子的行为并非侥幸之举。基于我所了解的关于这只被囚禁之渡鸦的背景,这些行为是这只鸟"知道"怎样得到肉的主观证据。而且,可以肯定的是,渡鸦所知足够使它丢掉那块肉,而**无需**任何试验或是练习。

这5只驯服的渡鸦中另有3只(所有渡鸦均在翅膀上以显眼的数字标签做了记号)"见样学样",在拉绳索任务中突然表现得很熟练。虽然这3只渡鸦有可能是从第一只渡鸦那儿学来的技艺,我却拿不准情况是否如此,因为第一只渡鸦完成任务是凭借一种直接"向上拉"的技术,将绳索在相同地点压住,而另外两只渡鸦则使用了"靠边站"的技术,沿着栖木拉绳子。通过观察来学习并不能排除这些渡鸦亲身经历了顿悟,然而,关键的策略——用脚趾**施以恰当的压力**按住绳子、并将之固定在栖木上——是观察不见的。跟第一只渡鸦相同,这些渡鸦中没有一只试图带着它们已经拉起来的肉飞走。

在科学领域,人们严谨地首先运用最简单的假说。如果这个最简单的假说与事实不匹配,接下来便会去检测最合乎逻辑的假说。关于这些实验结果,最简单的解释是:在处理这个问题时,渡鸦的所作所为反映出一个和我们人类相似的心理过程,根据将事物联系起来的心理意象来洞察它们正在做的事情。如果渡鸦没有使用这个能力,此项实验结果确实就会令人非常费解。我试图证明渡鸦"所知"是不成立的。为此,我首先需要试着跟它们变点把戏。

现在,那些成功完成任务的渡鸦已经自动自觉地将绳索和食物联系起来了吗？它们是否不检查是不是真的有肉系在另一端,就向上拉动**任何**绳索呢？我在栖木上吊了两条绳子,彼此隔开一两英寸远。一条绳索系着一块肉,另一条绳索系着等同质量的石头。如果渡鸦没有顿悟能力,仅通过经验习得"向上拉绳索使得视野范围内想要吃的食物出现在面前",我预判这两条绳子被拉上来的频率几乎是等同的。但经过了一百多次的试验,这些渡鸦**没有一次**拉动那条系着石头的绳子。然而,匆忙之间,渡鸦们经常**触碰**那条错误的绳索,啄它或是小小拉动一下。这些错误才恰恰是我如今发现探究渡鸦行为基础最有用的信息。通常地,小小拉动一下已经足够让一只渡鸦决定是否要**继续**整个步骤程序了,同时,我很明显地觉得渡鸦向下看好像是在观察那块肉。如果它们看见肉在移动,便会知道它们拉动了正确的绳索。如果是石头移动,它们就立即跳回来,纠正其错误。

甚至在拉动绳索之前,它们就学会了观察,这之后我就可以更加明确地试验它们在寻找什么,以及它们看到了什么。我将两条绳索**交叉**在一起,用细线将之固定在恰当位置上。有两只渡鸦**一味地**先去拉那根错误的绳索(但不管怎样,也总还能拉起那根正确的)。它们选择上的一致性令我很吃惊。它们连续地犯着**同样的错误**多达20次,好像是它们不仅没有能力学会,而且也没能力去尝试拉动另一跟绳索似的。换言之,获悉真相对于**克服**一个顿悟是必要的——在这个例子中,渡鸦基于的是一个错误的顿悟。它们的行为不是偶然随机的。尽管完全是错误的,它们却显然很确信自己是正确的。另外两只渡鸦在交叉绳索试验中就**没有**犯过错误,从一开始即是。因此,同样的外显行为是基于两种不同的内在推理:"向上拉食物上方的绳索"或者是"向上拉和食物连接的绳索"。

到目前为止,这些渡鸦只有处理剑麻绳的经验。然而,够到肉食的方式手段并不是向上拉剑麻绳本身,而是向上拉任何恰巧连着肉食和栖木的事物。渡鸦们已经领悟到此关键点了吗?抑或它们仅仅是在**剑麻绳和食物**之间建立了关联?当我让渡鸦们在系着肉食的绿色、纺织而成的绳子和拴着石头的剑麻绳之间作出选择,它们只去拉那条绿色的纺织绳,那是它们此前从未见过的:它们知道**关键**点所在,而无需通过试验和犯错来学习。

随后我将渡鸦们已经在享用的一只羊头挂了起来,靠近羊头用另一根绳子挂着小块的肉。我很清楚渡鸦们是无法升起这么重的羊头的,更不用说以单脚或是双脚控制住绳子保持羊头高悬在恰当位置了。但是,如果未经试验和犯错来学习,渡鸦们也会明白这一点吗?它们此前成功地完成任务是否归功于一系列仅仅是带有任意性的、机械的步骤呢?而这些步骤却奇迹般地导致了食物出现在面前?和以前一样,渡鸦们令我吃惊。它们一次都没有去尝试向上拉动那个羊头。

我那5组观察和实验使得以下见解貌似高度真实可信:一些渡鸦能生成心理意象,该意象至少是关于一个问题及其解决方法的。学习行为发生了,但绝对不能通过将观察结果嵌入到"学习行为在没有顿悟的情况下发生"这样的观点中来加以解释。虽说顿悟可以发生在学习之后(至少,我们这些教书匠中的大部分人都非常希望如此),渡鸦实验的结果却表明顿悟也可以先于学习行为发生。

稍后,我以两组从野外抓来的渡鸦为被试进行了同样的实验,每组分别是14只和13只渡鸦,实验地点在缅因州一个巨大的户外鸟舍里。仅过了14分钟,一只渡鸦就熟练地拉起了肉食。但是最终,一个组只有3只渡鸦、而另一个组仅有4只渡鸦"知道"如何得到"奖品"。这种表现上的差距反驳了该行为是本能所致的说法,而且可能也与"通过观察来学习"的观点相悖。有时候例外证明了规律。

尾声

在这个案例中,这项证明顿悟的研究的学术发表情况可能成了"例外"。我读研究生时就已经在国际期刊《动物行为》(*Animal Behaviour*)上发表了论文:烟草天蛾毛虫如何抵达并取食一片超过它能涉足的范围里的叶子,且无需搬离它们的栖息地。我的观点是:一个似乎是有意为之的行为全然可用两个本能的、机械性的规则来解释。我的这份稿件在当时立即就被接受发表了。

渡鸦获取悬挂在绳索上食物的行为涉及了顿悟,这份罗列了实验数据的稿件也投给了相同的期刊(1991年7月)。在接连着5次似乎是过分长时间延迟的答复之后,该稿件被《动物行为》及另外两家我随后投稿的动物行为学领域的期刊拒稿了,理由是它没有为顿悟提供一个"客观的定义"以使得数据可以恰当地印证之。的确,我没有为顿悟提供一个客观的定义,因为我知道没有什么客观的工具可以为心智上发生的事情下定义。相反,我觉得实验结果也许就是关于顿悟的第一个客观的定义。这篇文章最终在1995年被《海雀》(*The Auk*)接受,那是一份鸟类学期刊。

渡鸦和那些难以企及的事物

《猎户座》，1995年秋

　　了解一只野外生物是很难的，对一名科学家而言尤为如此，他必须没有偏见，也不能假定一只野生动物在某种程度上和人类相似，尽管他知道人类也是一种动物。就如贝斯顿在谈到动物时曾经说过："它们不是兄弟，也并非我们的下属；它们本属于另外的民族，与我们共同陷入生活和时光之网；它们是我们一同被囚禁的狱友，是地球上壮丽与痛苦的共同承担者。"

　　12年来，我一直在试图描绘说明这个由所谓渡鸦构成的"民族"。我愿意以渡鸦之眼来打量这个世界，这也正是我能够了解它们之前必须要做的。因此，我需要深入它们的国度。即使是在自己的地盘上，它们也是见人就躲，因为世世代代的渡鸦都被驱使着躲避人类。渡鸦被指控为杀死小羊羔的凶手，因而遭受毒杀。它们被看作"害鸟"，射捕渡鸦是一项"体育运动"。在新英格兰，渡鸦几乎被赶尽杀绝了。余下为数不多的渡鸦一直在偏远的山崖上筑巢，远避人类的干扰。

　　如今，令人欣慰的是，它们在渐渐地移近，比以往更近距离地接触人类。因为自从绵羊养殖业衰退倒闭，渡鸦们就不再被假定为邪恶的羊羔杀手而惨遭迫害了。我最近找到的渡鸦巢穴在一株松树上，位于缅因州法明顿一家汽车经销商露天停车场的后面。

我第一次见到渡鸦巢穴是大约30年前。它当时在（如今依然在，每年都可见）一棵高大的白松上，靠近一池小而独立的高山湖泊，那里是一对潜鸟的家。时值3月，我踏在硬硬的积雪上，正沿着四周生满地桂属植物、结冰的湖泊散步，就瞧见了两只大型体黑的鸟，生着楔形的尾巴。它们那洪亮、刺耳的叫声令人确信我就在其巢穴附近，很快我就在其中一棵较大的松树树冠上看见了那巢穴。这棵松树下的雪地上散落着新近折断的白杨树细枝，是从鸟巢平台上掉下来的。那两只鸟都与我保持一定距离地盘旋着，但当它们倾斜着飞行时，我看见它们锃亮的翅膀像打抛过的金属闪闪发光，瞬间将日光遮蔽了。它们的叫声变化多样，从低沉、长鸣、生气般的声音，刺耳的哇哇叫声，到一系列短促、高亢、长笛般的鸣叫，再到木琴似的断断续续的声音。任何一种叫声彼时我都不清楚其具体含义；现在，大部分声音的意思我依然拿不准。

鸟类家庭生活的不可思议之处尚不明朗，如此遥远，如此不可触及，它们锻炼着我的想象力。我对渡鸦独特之处的浪漫幻想由我童年时期拥有的一只乌鸦宠物而起。眼下这份幻想又被重新燃起，而且会变成一个强烈的爱好。几年以后，在一具驼鹿尸体旁围着一群活力充沛的渡鸦，我开始好奇渡鸦是否、如何，以及为什么会分享盛大的食物资源。为了试图回答这些问题，我自己饲养了一群渡鸦，从雏鸟开始就一直和它们生活在一处。和朋友们一道，我将胎死腹中的小牛尸体、断了气的牛，还有在撞死在公路上的鹿和驼鹿的尸首拖进缅因州那白雪覆盖的密林深处。在马兹卢夫（John Marzluff）和其他朋友、同事的帮助下，我们已经捕获、标记、释放了463只渡鸦，以绘制它们的行踪、互动和特征。一些答案如今已经得到了，并在学术期刊上发表。

然而，为了真正了解野生渡鸦，我想近距离地看看它们的家庭生活——观察其如何抚育后代。在远距离地观察它们许多年后，我才第一次近距离地研究一个渡鸦的巢穴。我很碰巧地发现了一个位于悬崖上的巢穴,从临近的悬崖顶端正好有一个角度可以窥视到。树林沿着悬崖边生长,就在这个边儿上,我建了一个隐藏之地:我在厚厚的雪地上深挖了个洞,洞口再覆以云杉和冷杉的树枝。彼时是2月尾。在我的埋伏之地通过一个窥视孔,我有一个视角可以毫无阻碍地向下看到渡鸦巢穴之内,距离大约30英尺。为了不去打扰渡鸦们,我没有再冒险靠近我那矮小的窝棚,直到4月底雏鸟们全都已经孵出来了。和以前同样,我一靠近,警报就响起来,趁着渡鸦们都离巢了,我偷偷爬进我那埋伏之地,准备好了开始等待。

洛佩斯(Barry Lopez)写过:"如果你想更多地了解渡鸦,就把自己埋在沙漠里吧,这样你就占据了一个位置重要的视角,可以看见那座高高的玄武岩质地的悬崖,那是它居住的地方。只让你的眼睛伸出来,别眨眼……"凭借以往的经验,我知道这句话只是部分正确——在渡鸦锐利的视线范围内,你哪怕仅露出一只眼睛都不行。渡鸦非常谨慎小心。我抵着洞穴里远处那扇墙壁倒伏着,几乎没有眨眼。可能已经过去几个小时了。然而,这是一个温暖的春日,第一批森林鸣禽均已返回此地——黄尾、黑白相间的北方鹟鸟,以及灶鸟。连空气中都好像到处弥漫着鸟儿的鸣唱。红翅膀燕八哥们的约德尔唱法几乎是被林蛙的大合唱给淹没了,而这群林蛙又被大麻鸭洪亮的鸣唱间歇性地打断了——咔嘶,咔嘶——还有一只美洲沙锥发出轻微的嘶嘶声前来挑战。一只鸫鹟到我覆盖在洞穴上的树枝丛里寻找蚊子,随即迸发出一首响亮的副歌;与此同时,一只东菲比霸鹟在靠近悬崖下方一处干树枝上叫着。但是渡鸦们,成年渡鸦和雏鸟都算上,始终保持着安静。我向下窥探那四只粉嫩的雏鸟,它们生着短簇的黑色新羽。它们柔软的身体堆成了一堆。雏鸟们深陷在它们那由蓬软的鹿毛铺就的窝巢里,偶尔轻轻抖动着。它们睡着了。

一种尖锐、撕裂般的声音搅扰了我的沉思,那是鸟类强有力的振翅之声在悬崖绝壁间回响,像是一面鼓发出的声音。一只渡鸦停落在巢穴边上那厚实的干树枝上。立即就有四个脑瓜探出鸟巢,它们那张开着的鲜红色嘴巴来回摇晃着,很像微风中的郁金香,还伴着大声祈求食物的鸣叫。不到一秒钟,那只成年渡鸦就将它的鸟喙塞进其中一个大张着的嘴巴里,迅速地将肉食从自己的嗉囊之中反刍给雏鸟。这只雏鸟贪婪地吞食起来,现在发出好似一个搅拌马达的声音。然后它就缩下去了,渡鸦父母去哺育下一只雏鸟。

一只雏鸟向着鸟巢边缘后退而去,但也没有特别越出边界,它试图探出鸟巢边缘向外排泄。第一次尝试它成功了,而第二次它失败了。成年渡鸦温柔地叼起那个白色的粪囊,一口就吞掉了。随后成年渡鸦仔细地监视着巢穴,捡拾其他可循环利用的东西。之后,它向下飞去,落在巢穴正下方一棵白杨树上。它的伴侣占据了它刚才在巢穴中的位置,随后也迅速地飞走了。"家务活"暂时是做完了,渡鸦夫妇并排栖息片刻,晒晒太阳,发出轻柔的咕咕声。雌性渡鸦(如今我已经会比较它们了)依偎着雄性渡鸦,低下它的头,雄性渡鸦就如它所要求的,梳理它脖颈背后的羽毛作为回应。

这段经历在我的脑海中回放,渡鸦行为的每一个细节都好似描绘鸟类世界这个巨幅画作上的一抹色彩。独立来看,每一抹颜色都毫不起眼,但全部色彩就构成了一幅华丽优美的画卷。能亲眼所见其他许多人未曾见过的事物,我深感殊荣。并且,我认真思考:如果我是在电视机上看到的这一幕,按下某个按钮,与数百万其他观众一起欣赏着这个片段,我将作何感想呢?是否我还会像现在这样,经历了这一天甚为感动?通过即时满足,我们到底收获了多少,又失去了多少,我对此感到怀疑。

难以企及的事物是有意义的。也许"难以企及"本身就有一种价

图3.2 一只渡鸦以中性姿势栖息在枝头

值。渡鸦是梭罗笔下那个野性和未知领域的一部分。梭罗说过,有时我们需要涉水而过"那些潜伏着山鸡和麻鳽的沼泽地,聆听沙锥鸟[原文如此]之鸣叫,去嗅嗅低语着的菅茅,那里只有一些更野性的、更喜独居的鸟筑巢……"那最神秘的沼泽,那最难以企及的荒野,因此对我而言,渡鸦最吸引我之处不仅仅是它定居的生境,还包括其心智,这是对它那独特生活的一种适应。在渡鸦心灵的某一个角落,是何种思绪在低语?寻求答案就好似寻找通往另一个星球的天窗,或者从另一个角度回望我们的星球。

经过这12年,我对渡鸦的了解可能已经很多了。例如,我已经知晓它会出于自身利益与其他渡鸦分享食物;一群渡鸦是如何、以及为什么会从远处赶来聚集在一场珍贵的食物盛宴前,如今我也获悉一些个中奥妙;关于渡鸦的那些叫声,我已经些许明白了有一些的含义。然而,我也懂得,渡鸦的心智,就像那永生不朽的旷野,以我们的经验是难以完全接近的。通过足够的努力,我们阐释那些难题,或是通过窥探它的巢穴去观察其家庭生活,由此我们会得到奖励。但神秘之事永远不会轻易公布谜底,也不应该如此。太空探索也不容易,但知晓其困难所在,你就会对之更加欣赏。或许,涉足在旷野的边缘要好过横穿它。

如果你在事物的边缘大胆冒险,你向前去试图看清那神秘的景色,因为它远在天边,难以抵达,充满了吸引力。这就是为什么渡鸦,和其他生物一样,永远都令人神往。渡鸦使人振奋,激起好奇心,而这一奇迹正是我们人性的基础。

霸鹟日记

《博物学》,2000年5月

　　差不多200年前,奥杜邦将银线绑在一对东菲比霸鹟的腿上,这对霸鹟在他父亲位于宾夕法尼亚州庄园的一处岩洞里筑巢。这个美国历史上早期的鸟类绑带实验成功了:奥杜邦非常开心地看见他标过记号的鸟于第二年返回此地。这些捕捉昆虫的鸣禽中有一些可能还在岩洞里穴居,其他鸟类则将其巢穴建在悬崖突出的地方。然而如今,就像家燕和那些适应性强的外来物种——例如家雀和原鸠一样,许多东菲比霸鹟就在人类及其建筑物附近抚育后代:桥底下,谷仓里,或者是房舍的屋檐之下。

　　我第一次亲密接触这些色深至烟灰、长着白色喉咙的鸟类是在1951年,那时我家搬到了缅因州。一对霸鹟在我们那有3个坑位的屋外厕所里筑巢。稍后,我在谷仓的横梁底下钉了一小块木板。次年春天霸鹟就在那里筑巢,直到今日依然如此。也许,在东北部和中西部,大多数靠近森林的农场建筑物都住着一对霸鹟。那年我住在佛蒙特州乡下时,有5个月,我和家人乐此不疲地观察着一对近乎驯良的霸鹟,它们接连地养育了两窝后代,每批4到5只雏鸟。霸鹟为我的年周期提供了标记,新年伊始正是春季,标志是它们从美国南部的越冬之地返回

"家乡"。

1998年3月24日这天，我的日记首次记录了这一年霸鹟归乡的消息。那日，一阵和煦的春风快速地融化了积雪。在沼泽地带，第一批红翅膀燕八哥们咏唱着约德尔调。一只旅鸫在夜晚高歌。我枕着风声滑入了梦乡。

那天夜里我突然就醒了，几乎非常肯定我听到了一只霸鹟在叫。而透过床头顶上的天窗，我所能见只是漆黑一片。我回去继续睡觉，想着今晚将是个迁徙的好时机。如果我是一只霸鹟，也许就会乘风归来。

次日夜里，我又听见了那个声音，一只霸鹟激昂地叫着"dchirzeep，dchirzeep"，就从我卧室窗外那棵槭树上传来的。彼时天空刚好初现微弱的黎明曙色，我从床上一跃而起，跑去观看。霸鹟栖落在距离窗口不过5英尺远处，上上下下地摆动着尾巴（这是霸鹟的一个标志性动作），舒展一侧翅膀，继续鸣叫着。我泡了一杯咖啡，写记录，等待着黎明。

天光大亮教人看清楚是两只鸟。霸鹟通常会翻新旧巢，或者在旧巢的基础上建造新巢。这对霸鹟立即就去检视两处它们几年前筑造的巢穴。一处在排水管的弯管接头处，靠近卧室的窗户；另一处就在后门上方一个1英寸长的壁架上。每次，这对霸鹟中的一只落在其中一个巢穴旧址处时，它发出轻柔的叽叽喳喳之声，微微抖动着它的翅膀。很快，这对霸鹟就选定了后门处的旧址。

那只雄性霸鹟每日不间断的问候从早上开始，持续两个月了。其"鸣唱"可以被描述成一种短促、高声、嘶嘶般的鸣叫，或者很像一条拉链被快速地拉上拉下的声音。鸣唱包括了两个轮流交替进行的短语，"fee-bee，fee-bay，fee-bee，fee-bay"，速率在每分钟30个短语，输出频率如时钟般规律精准。

4月2日至4日期间，天气阴沉，雨雪霏霏，霸鹟们出奇地安静。4月5日那天我醒来时，发现地面积雪覆盖已至1英寸厚，我很担心它们的生存。霸鹟属于霸鹟科,适于捕捉在飞行中的昆虫。它们有自己钟爱的栖息地,从那里出发去抓捕空气中的猎物。然而,空气中没有昆虫已经有几日了。我很是惊讶地瞧见其中一只霸鹟落在地面上,就在我的卡车底下,显然是在那儿寻找昆虫吃。令人印象尤为深刻的是,我看见一只霸鹟先是在附近盘旋,随后啄食并最终吃掉了我挂在门廊横木上的板油,那是我为啄木鸟准备的。尽管通常状况下,它们的捕食行为经由飞行中昆虫的运动所触发;当必要时,这些霸鹟也会临时起意去寻找新的食物。

那个周末天气温和一些了,我的日记表明这对霸鹟露面了,但是很安静:"只是在巢穴附近发出轻柔的低语。"4月9日,雌性霸鹟在其伴侣的陪同下,开始以喙一口一口地衔泥巴和鲜绿的苔藓筑巢,一趟又一趟地往返,匆匆忙忙地,明显很迫切的样子。霸鹟用泥巴将它们的巢穴粘在狭窄的建筑物上,例如半英寸宽的木板,偶尔甚至试图把其巢穴黏附在垂直的岩石或水泥墙上,例如桥梁底部。

随着天气转暖,花楸树开花了,槭树、白杨、桦木和山毛榉在抽枝展叶;直到4月的最后一周,霸鹟才下蛋。那一周,5种鸣禽也到达了此地。霸鹟看上去很是专注且谨慎,雌性霸鹟在孵蛋,雄性霸鹟积极守卫着巢穴和鸟蛋。雄性霸鹟有很好的理由准备着随时防御,当我那窝霸鹟受到威胁时,我从中调停纷争都已经不止一次了。某个清晨,当霸鹟处于安静中时,我注意到一只燕八哥在附近逗留徘徊。这些棕色头颅的燕八哥是鸟巢寄生者,总是利用其他鸟类为它们孵蛋、养育其后代。我确信这只雌性燕八哥盯上了霸鹟的巢穴,想要安插进一个鸟蛋,而这对霸鹟显然也已经有所觉察了。燕八哥离开后5分钟,这对霸鹟突然开始鸣唱,歌声持续不断可达5分钟。几年前,我曾赶走过一只花栗鼠,它反复努力着要接近一处霸鹟的巢穴,即使那对霸鹟疯狂地驱逐它,花栗鼠也坚持不懈。眼下这对霸鹟鸣唱的声音是同样充满力量的。

这些事件和事实表明霸鹟已经很习惯我们家了——即使是当我们从那扇吱呀作响的门出来进去之时,它们也不会从巢里冲出来,它们还拿我们的机动车当栖息处——这些都让我对这个物种在选择筑巢地点一事上感到好奇。它们不仅能适应新环境,而且有人类在场它们还能从中获益。一些热带地区的鸟类靠近黄蜂巢穴来抚养后代,它们有赖于这些昆虫驱赶捕食者。也许人类就为霸鹟提供了相同的服务。

经过大约16天的孵化后,5只雏鸟在5月中旬破壳而出了。除了满足这些雏鸟的食物需求,成年霸鹟还很仔细地把巢穴保持得干干净净。起初它们会吃掉雏鸟的粪囊,过些时日就将它们带到远离鸟巢之处丢弃。然而,时至5月的最后一周,当这些幼鸟正在快速地生出羽毛之时,粪囊也开始在鸟巢下方堆积起来。那就意味着幼鸟们很快就能羽翼丰满了。果然不出所料,6月1日,大约早上6点钟,我听见了鸟类兴奋的啁啾之声,然后便瞧见其中一只幼鸟振翅而飞,双亲伴其左右。另有一只幼鸟在后门处的地面上。我将它拾起来。它紧闭着眼睛装死,但当我将其放置在柴堆上时,它就匆匆地惊慌而逃了。下午时分,房屋四周一片寂静,我听见成年霸鹟在附近的树林里活动。当我去查看时,我发现5只幼鸟全部栖息在一株枝叶繁茂的铁木树上,排成一溜,离地大约15英尺高。

次日黎明,雄性霸鹟已经回来了,在房屋周围唱着歌。我听见霸鹟夫妇的"枕边私语",说着"就是这儿啦"。霸鹟们一天都没耽搁就回到了这处鸟巢! 它们依然在哺育羽翼初满的幼鸟,但是又过两天,雌性霸鹟就已经在鸟巢内重新规划了界限,开始孵化第二批鸟蛋了。7月11日,第二批孵出的4只雏鸟长出了羽毛。*

7月之后,这对霸鹟就很少在房屋周围活动了。一般而言,9月中

---

* 后来当我住在缅因州西部山中我那间小木屋时,那里夏季较短,霸鹟每年就只孵一批蛋了。

旬我们还能听见和看见它们，但也仅有一两天而已。随着树叶的颜色明亮起来，森林也陷入沉寂，它们就离开了。我总是怀念这些活泼的室友，直到第二年春天它们回来。

与啄木鸟对话

《博物学》,2016年11月

　　有一年夏天在户外跑步时,我当真巧遇了一只啄木鸟。那只鸟很意外地出现在我脚边——扑棱着翅膀,体态踉跄——它试图从我面前逃走,却无法起飞。很明显它遇到了些麻烦。当我拾起它仔细查看时,它高声尖叫着抗议。它全身覆羽,从外观上看应该是一只黄腹吸汁啄木鸟(*Sphyrapicus varius*)的幼鸟。我尚不能辨出其性别,因为该物种雄性喉部上的红色特征——甚至可在幼鸟的外观上观察得到——稍后才会显现。我没有发现翅膀骨头折断的迹象或是任何其他伤情。然而,它的胸骨很瘦削,表明它的飞行肌有些萎缩。没有啄木鸟双亲在附近,看上去它已经几天没有进食了。

　　这只鸟的状态一点儿也没有使我惊讶。这一年的早春时节,天气一度晴朗得不得了,鸟类按照惯例都开始孵蛋了;然而随后又持续好多天阴雨,十分寒冷,这给昆虫种群的发展带来了负面影响。这场雨到来之前,曾一度出现了熊蜂(全都是蜂后),因此到如今我还期待着大量的熊蜂后代——工蜂们拥挤着爬满开花的野草、绣线菊、乳草(milk-weed)、罗布麻(dogbane)和美洲板栗树。然而,相反的是,我连一只熊蜂都难得瞧见。熊蜂是很抢眼的昆虫。其他那些我较少注意的昆虫也肯定受到了影响。无论如何,食物链中一环出现断裂就会影响到鸟类:在恶劣的天气状况下,不是所有的幼鸟都能得到食物。这只啄木鸟幼鸟尽管已经被哺育到羽翼丰满,彼时已经丧失了飞翔的气力。如果将之留在原地,它注定要饿死了。

当我把幼鸟捧在掌中时,它抖开头顶的羽毛,大声叫着表达愤怒之情。我等着它的双亲循声而来。但谁也没有出现,于是我需要做一个决定。我可以弃之不顾,继续小跑着上路,听凭它自己的命运安排,也可以干预。我同意这样一条**原则**:人类不应该"打扰大自然",但现实又令人不得不采取折中方案。我们取食,驾车,开荒,以及建造房屋,都在扰乱整个生态系统。我们每个人都必定已对无数的物种产生了巨大的影响。当我有机会时,为什么不去帮助其他物种中某位亟需救援的成员呢? 我和这只幼鸟的偶遇使得这个救援决定势在必行。然而,带这只啄木鸟回家就意味着要为它寻找适宜的食物和一个居住地点,并且有时间和耐心来照料它。我停留在路边,手捧一只幼鸟,心中只想着化解这只鸟面临的绝境,这意味着我不能有任何闪失之举、尝试救助却失败。因此我脱下自己的T恤,将幼鸟裹在里面。我还有大约1英里跑到转弯返程的地点,所以我将这个小包裹放下,留待返程时再拿着;我继续跑步,同时希望能悟到如何养育一只幼鸟,以及给它吃些什么。

待我回来时,没有什么事情发生,啄木鸟双亲也未曾出现。那只幼鸟依然被裹在我的T恤里,我拿起它,继续跑完剩余的路程回了家。幼鸟时不时地在包裹里折腾,但除此之外,整个跑步前行的过程中它都很是镇静。在家里,我将它放在一只有纱窗的木制盒子里,之前我用它养毛毛虫来着。

这只啄木鸟在盒子里似乎还挺镇定。它停止挣扎,也不再尖叫了。我觉得自己甚至听到了一声颤鸣。我手边正巧有一些新鲜的生肉。蛋白质毕竟是蛋白质啊。我用长镊子夹着一小片肉送到它的嘴边。这只啄木鸟不过是稍稍迟疑了一下,就从镊子上把肉叼走,吞了下去,整个过程中还发出几下吱吱声,接着就开始一片又一片地吃上肉了。一小时过后,它又发出颤鸣之声,以表达饥饿之意。又喂过几次食物后,我开始用自己"啾啾啾"的叫声来告知它我即将到来。

在这天要结束时分,只有当我来到木盒前打开盒盖,这只啄木鸟幼鸟才会发出一声颤鸣。它已经习得将我的到来和打开盒盖、送食物的声音关联起来了。

第二日,这只啄木鸟跳上盒子的边缘,从我手指间直接取走了肉食。虽则如此,我还是意识到,假如我们一直在户外,情形想必会是非常不同的。几年前,当我研究渡鸦时,在缅因州它们是那么野性十足,看见个人影都会立即飞走;而我很惊奇地看着它们被捕获后从我的手中取食。然而,当我为它们配备好了无线电发射机、翅膀标签,或是在腿上绑带,并将其释放之后,仅用片刻的工夫,它们就表现得和被捕获前一模一样了——情境决定了一切。

截至第二日,啄木鸟幼鸟非常按时地在进食了,每隔两个小时一餐。它正在迅速地恢复,进度比我以为的要快。一次进食,它吃掉了几片牛肉后,突然就从盒子里飞走了,并飞出了那扇一直都开着的门。我想我的营救实验并没有结束,因为这只鸟飞得还不够好,不能应付野外环境。鹰属(*Accipiter*)猛禽最擅长抓捕幼鸟。它似乎在劫难逃了。然而,几个小时后,我在我们牧场的草丛里听见了颤鸣之声。这只鸟生出的力量已经足够它获得飞行距离,却不够它达到飞行高度。我知道它还没有耗尽所有力气——用马拉松选手们的术语,这是"撞墙"了——因为白日里早些时候它一直在稳定地进食。此前那年的冬天,我就曾目睹过鸟儿"撞墙",那时有一只周身遍布绒毛的啄木鸟来到我们的进食槽,它是如此虚弱,几乎无法再飞了。我逮住它后,它从我手指间吃过牛油,重新获得能量,待体力恢复就飞走了。而眼下这只啄木鸟的情况有所不同；它的飞行肌肉还没有重新长好。我用一个捕蝴蝶的网抄再次捕获了它，将其放回到盒子里去。这一回，当我以双手托住它时，它既不挣扎亦没有尖叫，还贪婪地不断从我指间取肉来食。

这个行为上的转变令我怀疑这只啄木鸟是否"知道"我已经救了它——当然啦，未必是有意识地——但它也许会感受到对比，它那些忍饥挨饿的日子和被按时喂养的日子有所不同；并且，它也许已经将新的生活和导致如此变化的因素联系起来了。在被营救了的猫和狗身上也曾发现过这种明显的能够感知富足生活的行为。动物们会安于现状，几乎是无论何种现状。但它们也会对变化有所回应，哪怕是一个微小的变化，跟它们所习惯的环境有些许不同。

又是一天，在对丰盛的肉类大快朵颐之后，这只啄木鸟再次飞出门去。这回它飞得够高，消失在附近森林里槭树的枝叶之间了。尽管已经获得了许多力气，它还是飞行得很笨拙。它已经回到了森林，那里有鸟儿歌咏，松鼠吱吱作响，树蛙鸣唱，而它的存活概率似乎依然很低。

这一日，就在天要黑下来之前，我在森林边缘发出我的"啾啾啾"叫声。我并不知道那只啄木鸟藏在哪里，甚至说它是否还在附近。几乎是顷刻之间，它在森林里以其颤鸣之音答复了我。我快速地拿了一些肉片，继而发出更多的"啾啾啾"之声——这是暗号，有"食物"和"我在这里"的双重含义——来回应它。这只啄木鸟随后就从森林里飞出了来，停落在一株槭树的树枝上，距离我头顶1米高。它双脚跳跃沿着树干下来，从我的指间拉走一片肉食，又跳着返回到高处，在一条粗大的树枝底下安顿好。那一夜稍晚时候，当我起床借助一只手电筒查看时，它还在那里。次日凌晨4点30分，我发现它还没走。半个小时后，它落到我们小木屋的墙头，发出它惯常的叫声以宣告它的存在，并传信号给我说它想要食物。我走出门外满足了它的请求。

我们的对话变成了日常惯例。我们的关系开始一周之后，这只啄木鸟再次落在小木屋的墙头,就在我的窗子底下,告知我它已经来了。我走出来,眼下它就落在我的手上。当我将它举高贴近我的脸时,这只鸟从我牙齿间拉走了食物。尽管有如此亲密的接触,我还是相信它变得如此依赖我是不会有什么危险的,因为它已经在不断地融入野生环境了。并且,实际上,这只啄木鸟已经越来越少地拜访我们了。

接下来的那天,我瞥见一只啄木鸟,从羽毛判断是幼鸟,它落在小木屋近旁一株高大的白桦树上,在树干上追逐着蚂蚁留下的一列痕迹。它啄取蚂蚁吃,进食的方式似乎和我通常在那里所观察到的成年啄木鸟一模一样。为了检测它是否是我的啄木鸟——可以这么说吧——我发出我的"啾啾啾"。尽管答复颇为微弱,但非常明显,是一声刚好能听见的颤鸣之音。随后它没有注意到我。而我依然疑心这就是我那只啄木鸟,因为我此前从没遇到过一只啄木鸟会给出这样的答复。当我侧身挨近树干上的啄木鸟时——我的头距它一米之内——它没有立即飞走,而是又发出一声微弱的颤鸣,随后才离开;毫无疑问,这只鸟就是它啦。

那次相聚之后,这只啄木鸟继续时不时地来拜访我们,但对我给它的任何食物都没什么兴趣,也不靠近我。它不再需要我了,而且很可能已经找到了比牛肉更喜欢的食物。从举止上看,它好像是已经将我遗忘,或者已经转到了它成年的行为方式。

我和一只啄木鸟的对话持续了一周,但随后就停止了,好像是有个开关在控制似的。我曾经跟一只野生的啄木鸟交谈过。它的信号我学到了至少两种:两个单词的词汇量。它们的含义跟随情境、强度和重复次数有所变化。首先是颤鸣,一个单音节叫声,一种上扬的、略有变化的高音再降低、变弱。每当这只鸟来到小木屋寻求食物时就会发出这种颤鸣声。基于具体情境,可以转译成"喂我呀",也有"我在这呢"之意。每天清晨,借着第一缕阳光,当我走出木屋呼唤它,无论这只啄木鸟身处临近森林的何方,它都会在那里以一声颤鸣之音答复我,但它未必就会前来。很多年了,我都听到过这种叫声,但从来没有去思考它的含义。这种颤鸣之声并不仅仅代表一只幼鸟在乞求食物,因为啄木鸟每次答复我它在何处之后并不总是会飞过来(也有可能啄木鸟父母中的一位已经飞到它面前了)。另外,这声颤鸣不单是对我"啾啾啾"的答复;鸟儿也用它来表达召唤或请求,当它不请自来抵达小木屋后,通常会落在门上或靠近一扇窗口,就会发出这种叫声。

图3.3　黄腹吸汁啄木鸟在一株白桦树上开凿并吸食树液,其他物种趁机获取余利。

当啄木鸟被喂食时,它那吱吱的叫声几乎是一直持续着的——同样的声音在满满一窝饥饿的雏鸟那儿也能听到,当雏鸟的双亲之一归来时,叫声就会更加洪亮。既然这些雏鸟已经觉察到双亲之一或喂养者就在近旁,马上就开始投送食物了,为什么还要吱吱叫,而且是越叫越响呢? 我估计这是向成年鸟儿表达饥饿的一个信号,但也有可能因为成年鸟儿送来了食物而向其"欢呼"。增高了音量的"吱吱"声兴许传达着更饿的含义,也使得这群幼鸟中叫声最响的那一只比其他兄弟姐妹更具竞争优势,最终它可获得更多的投喂食物。

这只啄木鸟如今已经独立了。它本可以继续吃我提供的食物,而它选择不要了。就好像是经由某个决定似的,情况就发生了转变。遗忘应该是它本能的一部分,如果不是适应性特征也是一种有利特征。脑容量并非无限制。一只啄木鸟需要高效率生活,它必须将最近几周——而不是几年——之内的事情打理得井井有条。它需要有些重要的适应性特征以备着去执行即时功能。这只啄木鸟对待我行为方式上的转变很像通常它们与父母分离的方式。理性地说,我为它感到高兴;而情感上讲,我很怀念我们的关系。啄木鸟不是社会性动物,可我们人类是。我们会对曾经亲密接触过的事物产生情感联系,在这个事例中对象是这只啄木鸟幼鸟;但我们也会对周遭环境产生依恋之情——即这只幼鸟所代表的大自然。

苍鹰的凝视

《户外》，1998年秋季

　　从我还是个孩子起，每年4月都有一对苍鹰在匹克山（Picker Hill）上那片茂密的松树林里筑巢，很靠近我们在缅因州的家庭牧场。我们全家和这对苍鹰已经"交往"很长时间了。我记得不止一次，每当苍鹰中的一只飞来落在那棵高大的榆树上，从那里它密切注视着我家庭院里的鸡，妈妈就手执一杆猎枪，怒气冲冲地跑到房子外面。尽管我妈妈如此警惕，苍鹰最终还是将她的鸽子抓走了大部分；而这些都发生在我即将要讲的故事之后。

　　我亲身结识了这对苍鹰。它们曾经相当粗鲁地触碰过我——以其瘦削的、覆着柠檬黄色鳞羽的脚趾，那脚趾末端生有一英寸长的、弯曲的蓝色趾甲，锋利好似尖刀。我误爬上了它们筑巢的那株树。突然我听见洪亮的鸣唳之声，很像有人在击打金属罐子。紧接着传来第二波鸣唳声。然后我就注意到一双猩红的眼睛，它们属于一只巨大的、白色胸脯的苍鹰，它就停落在近旁松树的一截枯枝上，正凝视着我。我们四目相对，而就在那一瞬间，我耳畔传来嗖嗖声响，与此同时也感到了一股冲击，那是另一只苍鹰击中了我的背部，其利爪擦过我的脊柱。我意识到苍鹰(*Accipiter gentilis*)不那么"鹰"若其名般文雅*——或是这个原因,或是为此物种命名的林奈(Carolus Linnaeus),这位伟大的瑞典生物学家,持有一种固执的幽默感。那个夏天稍后的时光,当我亲眼看见这对苍鹰努力地为其幼鸟捕食时,它们更加地赢得了我的尊敬。也就是从那之后,我恳求妈妈永远地放下她那杆猎枪。

7月的某天,天气有些阴暗,我恰巧穿过我家屋后的牧草场。那些欧椋鸟幼鸟已经离巢很久了,它们聚集成群以求保护。其中一个大约由50只欧椋鸟组成的鸟群刚好从上空飞过,而我抬眼望去却见一只苍鹰从匹克山的方向出发,正在迅速地向之靠近。这只巨大的苍鹰正在增加高度,快速地上下扇动着它那短却宽阔的双翼。这群欧椋鸟也瞧见苍鹰了,它们集中起来,形成一个紧密的群体。没有一只欧椋鸟游离于群体之外。我还想呢,这下它们就安全了。

图3.4 一只宽翼苍鹰的蛋和刚孵出来的雏鹰,还有一枚绿色的蕨类植物叶片,刚刚被插进鹰巢里。

---

* 苍鹰的学名为*Accipiter gentilis*,Accipiter代表鹰,而gentilis有高尚文雅等含义,因为中世纪只有贵族才有拥有苍鹰的权利。——译者

苍鹰已经在欧椋鸟群上方约100英尺的高度,后者眼下正慌忙地飞往匹兹湖(Pease Pond)。欧椋鸟是敏捷迅速的飞行者,苍鹰天性却不适于打高速度追逐的拖延战。苍鹰是生活在森林中的猛禽,生有粗短的双翼,用其长尾巴作为方向舵,适于穿梭在林间闪电作战。

当苍鹰以一定角度俯冲下来时,双翼停止了振动,随后如同一块岩石般急降,目标对准了欧椋鸟群。仅用了一秒或是两秒,它就正好在这群惊弓之鸟的头顶和后方了。我觉得它会失手。然而随后,欧椋鸟群也向下冲。苍鹰下降的速度更快了,当苍鹰正好位于鸟群下方时,它展开双翼,上下翻腾。其中一只正在下冲的欧椋鸟落入了那对黄色的利爪间,正是这对利爪曾擦过我的脊背。然后这只苍鹰就跃起回到高空,带着它的战利品,拍着翅膀向匹克山飞去了。只留我立在原地,吃惊得合不拢嘴,啧啧赞叹这场表演充满着力量和优雅。

那天我从牧草场穿过时,并没有期望着看见如此一幕,也从不曾由自身此前的经历预料到苍鹰还有这样超凡的本领。我想象着,那群近50只欧椋鸟当中的免遭厄运者会稍稍松一口气,也许甚至感到狂喜。

你无法想象亲眼看见一只专抓小鸡的鹰猎杀鸣禽会有多么令人惊叹。但确实如此——我看见一只苍鹰捕杀了一只欧椋鸟,这使我的大脑边缘系统(limbic system)兴奋不已。

戴菊鸟的寒冷国度

《博物学》,1993年2月

　　戴菊鸟如何能够熬过漫长的冬夜,此问题对我来说是一个不可思议的谜题,这促使我写成了《冬日的世界》(Winter World)* 一书。在这本书的结尾,我仍然只得到一个关于此现象如何实现的假设。但是随后,我就发现了这个假设的证据。在此,我将呈现一篇文章,它写于我深感惊异之时——在这本书出版10年前,并且,正如此文末尾所描述的,那时也是我找到证据的10年前。

　　一个仲冬的夜晚,在缅因州西部山区,当风刮擦着厚实的积雪在林间呼啸而过时,云冷杉林发出的声响好似惊涛拍岸。温度计读数为零下20华氏度(约零下29摄氏度),亲身接触这刺骨般寒冷的空气对人类和鸟类同样都可能是致命的。

　　我穿着保暖内衣,羊毛裤外面套着滑雪裤,还穿了两件厚毛衣,一件防风外套,一顶羊毛帽子,有内衬的手套,羊毛袜子,还有一双保暖靴。如果我摘下手套,不出一分钟,双手就会冻僵、不听使唤了。只是站着不动几分钟,我就会剧烈地打颤;除非我积极地保持活跃状态,不然体温也开始下降。那些居住在此的鸟类要如何维持比我们还要高几度的体温呢,哪怕只是维持一分钟? 更令人惊奇的是,它们是如何熬过

————————————————
*《冬日的世界》中译本由上海科技教育出版社于2015年12月出版。——译者

整个夜晚的呢?

　　振声松鸡为了躲避寒冷刺骨的空气,会直接钻进厚厚的积雪里,掘出一个洞作为临时避难所过夜。美洲山雀和鸭鸟在现成的树洞和洞坑里寻求庇护。柔软多毛的啄木鸟在11月开凿树洞,显然其唯一目的就是为着夜晚时分睡在里面。鸟类学家肯迪(Charles Kendeigh)已经证明,睡于洞穴之中有助于熬过长夜,因为热量可以保持在鸟类周围,同时由于对发颤的需求减少,大量的能量得以保存。正如生物学家查普林(Susan Chaplin)证实的,美洲山雀通过自降体温约18华氏度也可以保存能量。多数以植物种子为食的鸟类,包括松雀(pine grosbeak)、黄昏雀(evening grosbeak)、交嘴雀(crossbill)、朱顶雀(redpoll)、金翅雀(goldfinch),以及松金翅雀(pine siskin),较少表现出夜间休眠;而且,只有当它们各自所食的树木结出大量种子、能提供足够的脂肪以供它们几乎整夜持续不断地发颤时,它们才会逗留在这些缅因州冬季的森林里。存活的关键在于食物,因为食物通过发颤转化为热量。当食物稀缺、且发颤不可行时,鸟类可能就会通过调低身体的恒温器而求助于休眠。

　　没过几天,暴风雪就几乎被这些鸟类抛掷脑后。对于幸存者而言,生活恢复到了它们通常的轨迹。松鸡取食白桦的嫩芽,雀类成群结队,从一株结种子的树飞往另一株,北美黑啄木鸟(pileated woodpecker)再一次在冷杉树的基部凿出又长又深、椭圆形的洞,取食正在冬眠的木蚁。

　　在北美黑啄木鸟粗声吵闹的"叩叩叩"和北美山雀吱吱的叫声之外,我听到了云杉丛中金冠戴菊(golden-crowned kinglet)发出一声轻弱的低语。它们的叫声好似微风般不引人注意,几乎所有人都会轻易就将其忽略,除了那些了解这种声音的人。在茂密的枝丫间,当其觅食时,这种体形小巧的鸟儿主要在细枝的下侧攀爬、跳跃和盘旋。这些鸟儿羽毛呈柔和的橄榄绿色,头顶为金色且镶有黑边。雄性金冠戴菊还生有一副火焰状的橘色鸟冠,通常隐藏在头顶黄色的羽毛间,但可以瞬间就直立起来。金冠戴菊一年到头都栖息在美国北部和加拿大的松柏林中。[一种与之近缘的物种红玉冠戴菊(ruby-crowned kinglet)仅是夏季栖息于此。]

我叹服于金冠戴菊能够成功地熬过漫漫寒夜,想探个究竟这些鸟儿到底是在哪里过夜。下午4时30分夜幕已低垂,此时我跟踪的那3只戴菊鸟突然发出高亢的长鸣,好像得到信号似地飞走了,继而消失不见。又一次,我无法查明它们在哪里或是如何度过夜晚。然而,在几夜前那场风暴中幸存的鸟儿却在我脑海里挥之不去。

在一个周期性处于零下霜冻的地区,戴菊鸟的存在至少从两个方面而言都是令人惊讶的。首先,这种鸟体形小巧。它们的体重大约为2盎司*,是世界上体形最小的雀形目鸟类之一,只比大多数蜂鸟略微重一点点。如果不算其羽毛,一只戴菊鸟的身体并不比一个人小拇指的指尖更大。然而戴菊鸟维持着一个很高的体温,就像其他雀形目鸟类一样,即使是当空气温度降至零下30华氏度(约零下34摄氏度)或者更冷时皆如此。大约50年前,芬兰的鸟类学家帕尔姆格伦(Pontus Palmgren)推断,金冠戴菊(或称戴菊鸟的欧洲种)在冬季可以将体温保持在103—107华氏度(约39—42摄氏度),靠占其体重23%—25%的羽毛来保温。

根据加热和冷却的物理学定律,一只2盎司的戴菊鸟其降温速率应该比一只4盎司的美洲山雀快75%,并且为了维持体温不变,戴菊鸟每单位体重需要进食并消耗的食物比美洲山雀多75%。同时,由于体积偏小的鸟类比体积偏大的鸟类有着更低的绝对保温量,它们降温的速率比起根据体重作出的预测还要更快些。然而,金冠戴菊和世界上

---

* 1盎司=28.35克。——译者

最大的鸣禽——渡鸦一并可以熬过寒冷的天气。

关于戴菊鸟在缅因州越冬，第二个值得注意的事实是它们以昆虫为食。在秋季，大多数食虫鸟类向南迁徙，去寻找更好的觅食之地。相对而言，许多以植物种子为食的鸟类却留守于此。戴菊鸟又是如何——鉴于它们必须要——在每个短暂的冬季白日里消费几乎要相当于其自身体重3倍的昆虫呢？和美洲山雀不同，戴菊鸟从不光顾那些放着植物种子和牛油的料箱。在白日里，戴菊鸟若是没有食物，不出一两个小时就会饿死。然而在北方，就在戴菊鸟生活并显得很繁盛之地，冬季夜晚通常有15个小时之长。由于在夜晚觅食不可行，并且也从未曾观察到戴菊鸟储存食物，在漫漫寒夜，是什么挽救它们免于死亡的呢？

在对这种近缘的金冠戴菊的研究中，研究者得到的结论是：在冬季，这种鸟类专事以弹尾目昆虫为食。这类原始昆虫中有一种通常被称为"雪蝎蛉"（snow fleas），它们在缅因州的森林里数量丰富，我推断一些雪蝎蛉可能会在树上越冬。雪蝎蛉会是上帝赐予戴菊鸟以维持生命的神奇食物吗？我曾仔细检查过一只于黄昏时死去的戴菊鸟的胃内容物。过去两周的温度始终稳定保持在零华氏度以下。这只戴菊鸟的胃塞得满满的：它包括了39只尺蛾幼虫的残余部分、1只蜘蛛、一些蛾子的鳞片、24条几乎要用显微镜观察的飞虫幼虫，还有仅仅4只弹尾目昆虫。

这次调查显示出弹尾目昆虫不是戴菊鸟在缅因州唯一的食物，但同时也没有解开戴菊鸟在此地的存活之谜。尽管这只鸟的胃里充满着食物，但在一个寒冷的夜晚，这些食物为热量发射所提供的原料怕是都不能超过1个小时。戴菊鸟的大部分热量能否来自整个白日里储存的脂肪呢？

弗吉尼亚联邦大学的布莱姆（Charles R. Blem）和帕格尔斯（John F. Pagels）在弗吉尼亚仲冬时节检测了金冠戴菊在整个白日时段身体的组

成成分。体脂肪存储量由早晨时的低点约0.2克增加至夜晚时分约0.6克。脂类的能量较高,通过使用标准方程式来计算如此体积的鸟类维持新陈代谢所需时,布莱姆和帕格尔斯预测道:一只处于正常体温的戴菊鸟,其脂类存储量尚不够在15个小时的夜晚用以促进代谢所需量之一半,哪怕是在适中的32华氏度(0摄氏度)条件下。因此,即使是在一个相对暖和的冬夜里,白日里戴菊鸟存储的脂肪也是不够它保持温暖的。然而,在奥地利的因斯布鲁克阿尔卑斯山动物园工作的塔勒尔(Ellen Thaler)和她的同事观察到,一只鸟在黎明和黄昏时分的体重有略微不同,他们计算出如果这个体重的减少是因为脂肪被利用,那么即使在零下13华氏度(零下25摄氏度),该能量存储也足够一次长达18个小时的夜间禁食了。但是,几乎能肯定的是,夜间体重减少不仅仅是由于脂肪一个因素,鸟类也会因为肚子清空,以及糖原、蛋白质和水分的损失而减轻体重。

尽管它们整夜的能量来源和其食物供应问题还悬而未决,戴菊鸟的存活策略毫无疑问地包括在其他鸟类那里也可见的保存能量的机理。戴菊鸟通过膨起羽毛以及藏起它们树枝状的腿和脚,来保存一部分身体热量*。戴菊鸟是否也会通过陷入冬眠状态而充分利用脂肪和能量供给来度过整个夜晚呢?在冬眠中,动物调低了它的内部恒温器,并且夜间休眠状态通常与身体体积相关。动物越小,它通过降低体温保存的能量越多,在清晨时分的再次暖身也就越快。有些蜂鸟在夏季的夜晚会惯例性地休眠。一个符合逻辑的推测便是休眠是戴菊鸟在冬季的一个关键性适应手段,然而迄今所有既得的数据都表明它们并不在夜晚休眠。塔勒尔长期研究关在笼中的戴菊鸟,她对户外鸟舍中的戴菊鸟进行体温测量,并没有发现它们的夜晚体温出现急降。

---

* 在熬过极端环境时,逆流热交换器在维持血液循环方面起到了显著作用。

也许对野外鸟类或是那些没有途径获得充裕鸟舍食物的鸟类进行研究，会为事情可能的真相带来更多启发。就保存能量而言，陷入休眠状态说得通。但是我对此存疑，如果温度过低，让机体温度下降是很危险的：一只体积小巧、冷却的鸟在一个低体温状态下可能不会再获得控制热量的能力了，并且当气温降至零下15华氏度（零下26摄氏度）以下时，几分钟之内它就会结冰了。

在获得夜间能量平衡方面，行为也十分关键。博物学家已经观察到，在极低温度时，冬季的鸟类没精打采之程度几乎令人吃惊，它们在面对干扰、甚至是捕食者时都表现得漠不关心。戴菊鸟也是如此。它们更少地将时间消耗在躲避捕食者、离开居所和主动展示自己方面，同时花更多的时间专注于进食。

另一个关键行为反应是找到一个合适的夜间庇护所，这也正是我曾数次试图在黄昏时分跟踪戴菊鸟，想要探明它们去哪里栖息的原因。野生戴菊鸟在何处过夜，我们对此几乎一无所知，除了它们很可能是在茂密的针叶树枝条间寻求庇护。当环境不稳定时，即使是一个小小的庇护所也会引起死亡和存活的差异。戴菊鸟是否会优先栖落在茂密树林中的较低处呢？那里风力和对流较弱。它们是否会飞往一个事先选好的安全地点呢，例如较高能够挡风之处，然后在黄昏时突然就消失于视线以外？这就解释了为何我竭力去跟踪它们至其过夜之地，却屡屡挫败。布莱姆也观察到了突然离去的行为，并声称见过一只戴菊鸟在傍晚时钻进了一处松鼠的窝。我曾亲眼所见戴菊鸟在夜幕降临时消失在一片茂密的松树林里，那里有一个松鼠的巢穴，但不能下定论它是钻进去了还是仅仅在巢穴旁栖息。松鼠巢穴有着隐秘且封闭的入口，我怀疑戴菊鸟是否能够找到入口或强行进去，是否能有机会行事，或是如果它真进去了，松鼠是否能容忍戴菊鸟的行为。松鼠是鸟蛋和巢中幼鸟的主要捕食者。

然而毫无疑问的是，戴菊鸟过夜之处的微环境有一个关键方面，即有其他同类的温暖躯体可以利用。研究已经表明，在32华氏度（0摄氏度）时，成对栖息的欧洲金冠戴菊可减少其身体热量损失达23%，3只金冠戴菊栖息一处可减少热量损失约37%。

暮色将至，欧洲金冠戴菊借助有联络作用的叫声结成小组。塔勒尔观察到，当这些鸟接近它们休憩之树时会发出特别的鸣叫，这大约是在吸引群体中的成员，即许多只一起觅食的戴菊鸟。第二声集合或说是集拢的鸣叫吸引群体成员沿着一条水平的树枝聚在一处，它们将在这里过夜。在中心的鸟围拢着憩息在一起，将头靠近它们的肩膀，而它们的喙突出来；与此同时，在边缘的那些鸟则将头扭向一边。无论天气温暖抑或寒冷，这些联络小组都会结成；当天气温暖时，戴菊鸟们各就各位可能需要花费20分钟，而在天气寒冷时它们聚成一团就只用5分钟。结为配偶的戴菊鸟甚至能在天气寒冷时花几秒钟时间彼此聚拢，兄弟姐妹之间也是如此之快。在同样的天气下，渡鸦们依靠分享大型兽类尸体这样的食物来存活。相对而言，戴菊鸟可能是依靠分享热量来越冬。对这两个物种而言，分享都是由即刻需求推动的，为了获得食物或是温暖。鉴于此两者其一可以转化成另一个，食物和温暖在机能上是相似的。

夏季，戴菊鸟在它们的领地上到处可见；然而在冬季，它们时而常见，时而稀少，或者甚至踪影皆无。这个冬季时节丰富程度上的变化，其原因尚未发现。也许每年冬季当天气变得特别寒冷时，群体中的大部分就会成批死掉。冬季时群体数量的严重损耗可由每年大批量繁育出的幼鸟所抵消。每年一对戴菊鸟能繁育两窝蛋，每窝可产7至12只幼鸟。（戴菊鸟夫妇通常会在第一批幼鸟羽翼丰满之前建造它们的第二个巢穴。）因此，仅仅是一小部分冬季幸存者就能够担负起养育来年秋天大量新个体的任务。

　　我很想探个究竟,在气温零下20华氏度(约零下29摄氏度)时,那些在我缅因州营地附近的戴菊鸟是否能够幸存下来。我于2月和3月寻找它们总共用去26个小时,此间我遇到了其中18只戴菊鸟(分为7个群)。我不确定自己是否漏看了附近某些戴菊鸟,因为这些鸟几乎是不断地在鸣叫。它们那微弱的铃声似的叽叽声让我想起小石头碰撞在一起的响动;在那些安静无风的日子里,当我寻找戴菊鸟时,从至少20步开外我就能听见它们。一只独自飞行的戴菊鸟一分钟内可发出66次微弱的鸣叫,而两只戴菊鸟结伴而行,平均每分钟仅发出40次鸣叫。最后,有3只戴菊鸟加入了一个由20多只黑顶山雀组成的聒噪鸟群,每只戴菊鸟每分钟大约只叫过两次。我那不充分的探索不能为结论提供充足的数据,但这的确开启了一个问题:鸣叫行为在戴菊鸟成功越冬中起到了什么样的作用?

　　3月初,在我营地附近,每组戴菊鸟平均数量仅为2.6只。如果抱团对于寒夜生存是必要的话,那么,这些缅因州的鸟似乎并没有太多可备用的抱团个体在其近旁。"身体取暖器"不太可能只是在黄昏时奇迹般地出现。也许戴菊鸟们在整个白日里的社交活动帮助确保抱团对象可以在寒夜里到场。吸引它者并与之保持联系可能是冬季幸存的一个关键要素,在茂密的松树林里,这个要素仅凭视线来维持是不可能的。鉴于每个群平均仅有2.6只戴菊鸟,哪怕是失去一个成员都可能会使得其余个体在下一阶段严重霜冻或食物匮乏时前途未卜。沉默的鸟不会有同伴相随——它们必须跟随它者(这可能会占用它们宝贵的觅食时间)或者变得形影单只。通过鸣叫,它们可以既跟随它者也被它者跟随。

　　得知森林中这些幻影般的生灵即使在气温处于零下依然留守此地,这令人心安。但是在3月3日晚上,当我在小木屋温暖的环境中就寝,我再次听见阵阵狂风在林间呼啸而过,冲击着我的小木屋。雨水整夜都在敲击屋顶。我待在三层毛毯底下非常干爽,心里却惦记着戴菊鸟如何熬得过去。

次日清晨当我醒来时,意识到冬季还有至少一个月长,我听见树林在吱嘎作响。它们银装素裹。冻雨终日下个不停,树枝垂得越来越低,直到很多枝条哗啦啦地倒塌在地。这些鸟下周还会在那里吗?

3月17日这天,我最终确信戴菊鸟还会再度繁盛于夏日林间。阳光普照,在一些地点积雪依然有两英尺深,结着厚实的硬壳,便于行走其上。啄木鸟咚咚地敲,两只渡鸦倾斜着盘旋于山谷之间,恣意追逐。随后我就听见了一只金冠戴菊的鸣唱,若干个纯净、充满活力的音符快速地连接在一起,将不过一秒钟的时间塞得满满的,并且一分钟之内这串音符重复了6到9次。又到了戴菊鸟的求偶时节。尽管4月初有暴风雪,戴菊鸟那深深的巢穴将会再次高悬在云杉的粗枝上,内里铺就着纤细的苔藓和地衣、蛛丝状薄物和北美野兔的毛,并且里面盛着两层小小的鸟蛋。

尾声

理论指导方向,但我更偏爱事实。在《冬日的世界》里,我检视了事实,并用以下句子作为此书的结尾:"我会继续惊叹并思索这些长羽毛的小家伙过得怎样。它们反抗着概率和物理学法则,证明美妙的事情是可能发生的。"

我一直跟踪着这些生活在北方的戴菊鸟,至今也没有查明它们究竟如何度过夜晚,尽管我观察到它们直至黄昏都在觅食,这恰好已经晚于每日其他鸣禽歇息的时段。然而在《冬日的世界》出版大约一个月后,一个冬日的夜晚,我再次瞧见一群戴菊鸟在暮色中觅食,然后一只跟着另一个地飞进了一株小松树。这棵树看起来离其他树木足够远,天色也已十分晚,它们很可能就要在这里过夜了,因此我觉得也许自己可以判断出是否一只戴菊鸟都不会再飞出来了。我等待并仔细地观察着，令人激动的是没有瞧见一只戴菊鸟飞出来。夜幕深垂时我再次返回此地，希望它们已经陷入了梦乡。我极其谨慎地爬上那棵树，借助一支手电筒搜寻，发现了团在一起的4只戴菊鸟——它们的头对着中心，4条尾巴伸到这个组合而成的毛球之外。它们很警觉；一只戴菊鸟探出头来四处张望一番。而它似乎对手电筒的光束并不在意或是无动于衷，便将头又塞回到群里去了。这个抬头的举动确认了这只鸟没有处于休眠状态，它的体温依然是偏高的。我加倍小心爬得更近一些，好能拍到四只成团抱在一处的金冠戴菊。这个形象也许不是我质量最高的摄影作品，但却是我最珍贵的快照。它含有感情成分，它讲述着一个故事。它是高质量的有证明效力的样片（于2004年发表于《威尔逊鸟类通报》上），解释了为什么小巧的戴菊鸟在冬季时守在一起：它们是彼此的庇护所。它们能够一起度过一个较长的白日来觅食，因为在最后时刻，突然，它们就拥在一处，形成了温暖且舒适的家。

◇

魔鬼夜鹰

《博物学》,2017年7月至8月

我通常是由直接经验促动而产生动机;但这一次,动机却来自观看了一张照片,那上面有两只夜鹰栖息在地面。它们的外观和北美夜鹰很相似,但这些是产自印度尼西亚的魔鬼夜鹰(diabolical nightjar)。我被吸引了,因为这两只魔鬼夜鹰如此贴近彼此,它们在触碰对方,这是一种令人迷惑的行为,因为夜鹰、黑夜之禽,是一种独居动物;并且,魔鬼夜鹰这个物种因其是地球上最珍奇的鸟类之一而闻名于世。

这张照片刊登在一篇书评之中,作者是科拉尔(N. J. Collar),发表在 Kukila 杂志上,那是一份印度尼西亚的鸟类学期刊。我于2010年读到此文,在该文章中我首次看见这个经由照相机捕捉到的形象,是一位名叫杨鼎立(Yong Ding Li)的作者于2007年6月拍摄的。那是在印度尼西亚苏拉威西岛的罗瑞林都国家公园(Lore Lindu National Park),杨恰好在正确的时间出现在正确的地点,并持有一台相机。他拍到的正是魔鬼夜鹰,是一本书[这本《打鼾的鸟》(The Snoring Bird)恰巧是我的著作,内容是关于我的父亲格尔德·海因里希(Gerd Heinrich),他于1931年发现了魔鬼夜鹰——正式的名称也可以称为"海因里希的夜鹰";直到1996年,这种夜鹰才再次被人所见]中讨论的几种鸟类之一。

夜鹰通常每次产两枚蛋,因此照片中的两只夜鹰也很可能是同一个鸟巢中的幼鸟。然而从其羽毛来看,它们像是成年夜鹰;若是已成年,那它们就可能是配偶——但即便如此,它们为何要紧贴彼此,相拥在一处呢?考虑到其生活在炎热的热带低地,它们不可能是在抱团取暖,因此为什么它们有这种行为呢?除去了解这是一种极其稀有的鸟类,我的知识不足以再对此问题深究下去了;我将这个形象归档,作为一个对趣闻轶事的模糊记忆,在头脑中暂时搁置起来。但是一年之后,这个潜在的谜语又令我重燃兴趣,这次是一张圣诞节卡片,是某位居住在加拿大阿尔伯塔省的人寄给我的,我们从未曾谋面。

卡片上装饰着一张照片,同样是这种极其珍稀的物种,同样是苏拉威西岛的魔鬼夜鹰,除了卡片落款为 M·P·马克勒维茨(M. P. Marklevitz)。在谈及这种鸟类时,他使用了其三个名字中的第三个:撒旦夜鹰(satanic nightjar)。这张照片和此前那张是在同一个自然保护区拍摄的;并且,与之相同的是,它也展示了两只魔鬼夜鹰栖息在地面上,亲密地彼此依靠着。然而,这张照片的拍摄角度是俯拍,而不是运用前景,故此这对夜鹰其细长的尾巴就清晰可见了——显然它们是成年夜鹰!因此,它们极可能是配偶;马克勒维茨先生对我写道:"在罗瑞林都国家公园的上游河段,我试图找到并拍摄了一对夜鹰。"又是成双成对?多么惊人的巧合啊,我这样想,好奇心便增强了,尽管我依然没什么机会、也没有愿望要去苏拉威西岛旅行,去丛林间追寻这种珍奇鸟类的足迹。然而,它的形象却挥之不去。

马克勒维茨的照片上有个影像我推测可能是第三只鸟,也许是幼鸟,被部分地遮挡在这对配偶身后。或许事实如此(这种地面筑巢鸟类的幼鸟能紧密地融入树叶和其他破碎物组成的背景里),又或者是我被欺骗了,那本是一堆偶然聚在一处的枯枝败叶,在我的头脑中造成了罗夏错觉(Rorschach illusion)。为了查明原委,几年之后我追寻着马克勒维茨的旅迹(通过他作为自然摄影师在互联网上的足迹),试着去发现关于他拍摄夜鹰的更多信息。他引导着我恰好找到了我本应该需要浏览的一个名为"东方鸟类图像"(Oriental Bird Images)的网站,事后证明,这里是一个宝藏,信息由那些专注的鸟类观察者们经由数十年搜集而来。因此,如今是7年之后,我突然就获得了比我曾经想象的还要多得多的信息。

在这个网站,我浏览了数百幅公开发布的印度尼西亚夜鹰照片,它们都是夜鹰属(*Caprimulgus*,该属15个种)和耳夜鹰属(*Eurostopodus*,该属3个种)的鸟类。我总共浏览了294张照片,均为正在栖息着的鸟类(我有意将正在飞翔的鸟类照片、同样几只鸟的多张照片,以及人像摄影排除在外)。有20张拍摄的是魔鬼夜鹰,其中7张是成对出现的;而在剩余的274张其他种夜鹰的照片中,仅有一张拍到了两只夜鹰同框。也就是说,除非在某个不太可能发生的事件中,观鸟者有意地不去拍摄一只单独的魔鬼夜鹰,那么成对栖息是这个物种普遍偏爱的一种行为了。

这些夜鹰照片取景自印度尼西亚的各个角落,而关于魔鬼夜鹰的那20幅却全部拍摄于苏拉威西岛中北部的罗瑞林都国家公园*。我也在谷歌上以"成对栖息的夜鹰"为关键词搜索,找到了特立尼达白尾夜鹰(*Caprimulgus cayennensis*)的5段视频和5张照片,以及产自马达加斯加的暗色夜鹰(*Caprimulgus nigrescens*)和领夜鹰(*Caprimulgus enarratus*)的一些照片;但没有一张是成对的夜鹰。

为什么撒旦夜鹰就要保持成对、紧密地待在一处呢?维持厮守状态将会促进一夫一妻制,然而在许多鸟类中,一夫一妻制是通过动物的

---

* 在这个自然保护区以外仅有的对魔鬼夜鹰的记录是那只最早被制成标本的雌性夜鹰,发现时间是1931年,采集地点位于北苏拉威西省米纳哈沙县,在克拉巴火山(Kelabat Volcano)脚下,靠近库玛瑞索(Kumaresot)的森林,海拔250米。

恋地性获得并维持的。保持结合状态、贴近彼此,这看上去可能是极端的一夫一妻制了。而这种制度之所以被自然选择,是因为在某些境况下,它能保障个体身边有一个合适的、容易取得的伴侣。

在物种分布尤其稀疏或是繁殖季节极其短暂的地区,这种一夫一妻制会变得非常关键且重要。在某种生境下,若每年的求偶仪式都需付出极高代价,这种制度也是非常必要的。当某物种变得稀少,且个体寻觅配偶的能力成为限制繁殖的因素时,该物种就会越来越自发地集中于局部小生境内。魔鬼夜鹰当前的保护状况是"易危",并且它也确实被列入了"限制范围物种"的名单。这些描述性标签在将近一个世纪前就已能够适用于该物种了,以之来描述当前稀有状态也不为过。

我的父亲和他的妻子安内利泽(Anneliese),以及后者的妹妹莉泽洛特(Liselotte)都是鸟类标本制作人员,在他们花了两年时间将整个苏拉威西岛(那时名为西里伯斯岛)探索过并收集了标本后,才于1931年发现了这种夜鹰。这场收集鸟类的探险之旅是由位于纽约的美国自然历史博物馆资助的,在征途结束之时,他们妥善收藏了那唯一一份夜鹰标本。这项探险计划由美国自然历史博物馆的桑福德(Leonard Sanford)以及柏林自然历史博物馆的施特雷泽曼(Erwin Stresemann)——彼时全世界第一流的鸟类学家——共同策划。这两所博物馆委派给这次远征一项特殊任务:带回来一只秧鸡——鼾声秧鸡(或称普拉氏秧鸡)(Aramidopsis plateni),当时普遍认为该物种已经灭绝了,但寻找了两年后,鼾声秧鸡于1932年再度被发现。在此之前,人们只能从标本的遗骸中了解它。

整个团队成员一直努力着要"复活"这种秧鸡,来取悦他们的资助者。而直到两年期限快到之时,这种失踪已久、长期寻找的秧鸡——稍后他们称之为der Vogel Schnarch(德语:打鼾的鸟),再晚些时候听见了它的叫声——也还没有出现;但是,一艘船满载着他们捕获的鸟类已经抵达了柏林。施特雷泽曼对这船"货物"进行了研究,给回的报告称其间含有"一些难以置信的发现"。其中重大发现之一是这只夜鹰。

来自米纳哈沙省地区的发现促使施特雷泽曼联系了美国自然历史博物馆著名的慈善家阿奇博尔德(Richard Archbold),探讨再捐赠10 000美金使得该探险可以继续*。

施特雷泽曼此前曾描述过夜鹰,因此为这一新物种命名他感到十分荣幸且有责任这么做。他选择"魔鬼"(diabolicus)作为一个物种的名字。因此"魔鬼夜鹰"就成了这种夜鹰的常用名称。他创造该名称的基本原理可能永远都不得而知,但我觉得他也许已经暗示了,且带着诙谐的成分,即仅仅是因为他和桑福德的努力使得整个团队成员在原计划时间之外能够继续探险,最终找到了发出鼾声的秧鸡,而也一定是魔鬼的力量起了作用,才能繁殖出这种完全出乎意料的、稀有且珍贵的新种类夜鹰。

正如毕晓普(K. David Bishop)和戴蒙德(Jared M. Diamond)在1997年报告的,他们稍后称之为"海因里希的夜鹰"(Heinrich's nightjar),这种鸟直到1996年5月才再次被发现,地点还是之前提到过的罗瑞林都国家公园。这处显然是高度局域化分布的地区(又或者因为这里是鸟类观察者寻找魔鬼夜鹰的热门地区,他们将该物种列入了观察清单?),距离63年前魔鬼夜鹰最初被发现的地点大约800千米远,而这个最初的地点至今都不再有观察到魔鬼夜鹰的记录。魔鬼夜鹰的稀有和限制范围显然是真实的;不出所料,长时期的持续隔离会给那些个体——如果它们能幸运地找到配偶,并长相厮守——带来生殖优势。

---

　　*此举最终"产出"了一对似乎已经灭绝了的秧鸡:鼾声秧鸡(或称普拉氏秧鸡)。捕捉到第一只时,格尔德宣布这是"我所捕获、或即将捕获的最无价的猎物了"。

哺乳动物

隐藏的甜食

曾以《坚果钳子甜食》为题发表

《博物学》,1991年2月

　　从我在缅因州森林里那间小木屋的北面窗口眺望,可见一片长期废弃的苹果园正在被迅速生长的硬木林所更替,树种主要为红槭树和糖槭树。森林在此快速地收复失地,我则进行着一场持续战,好在我小木屋附近维持一块开阔地带以求空间和光照。在降低幼树密度之时,我常常选择性地偏袒糖槭树,希望有朝一日能采取其树液。但我始终被蒙在鼓里,直到某个冬日才知道我的幼树已经被惦记上了。

　　我一直在户外观察渡鸦,但正如通常的情形,最有趣的事物往往是始料未及的。在这个宜人的1月下旬某天下午,前夜的气温大约是5华氏度(零下15摄氏度),我看到一只北美红松鼠(*Tamiasciurus hudsonicus*)在槭树幼树间发出响动,不停地在幼树间上上下下地奔走跳跃。深厚的积雪将日光反射至光滑、黄褐色的树皮上。我思忖着这天气很适宜采集槭糖,畅想着我日后的乐趣,然而当下季节为时尚早,还需再过一个月。大多数槭糖采集者直到2月底或3月初才采取树液。我所谓"大多数",大概要除去我眼下瞧见的这只北美红松鼠。它是真的在啃咬一段树枝吗?

眼下那只松鼠获得了我的关注。我见它不只是在树间上下冲撞，而且还经常停下来。它停在那些深色、湿润的条痕上，条痕在干燥、浅色的糖槭树幼苗的树皮上十分显眼，随后它沿着条痕慢慢地一步一步向上，沿途以它那小巧的粉红色舌头舔舐。现在我非常专注凝神，深感着迷。

图 4.1　北美红松鼠在采集糖浆。此前它曾在一株糖槭树幼树的薄树皮上啃咬留下一个切口，糖浆从切口蒸发得来。

小木屋附近至少有一只北美红松鼠已经对我习以为常。甚至在此前的夏天，一只北美红松鼠还在我其中一间鸟舍中养了一窝幼崽。在小木屋近旁的北美红松鼠通常惹人烦恼，因为它们会把原木之间的填充材料拉出来，拿去填塞自己的巢穴。我屡次想要以嘘声赶走它们，但除了令它们更加胆大之外，收效甚微。我仅仅是让它们明白了尽管我叫嚷咆哮，却是毫无恶意的。如今这只松鼠的驯熟使得我可以在它从一株槭树跳到另一株的时候观察它的热忱和专注。

我在6英尺之近的距离观察,瞧见松鼠那亮粉色的舌头沿着一条糖浆痕迹拼命地向上舔舐。随后这个小动物急匆匆地向上爬到另一株树,或是头朝下沿着幼树爬行,为着纵身一跃以最短的距离跳到其他树上。这令我想到一个小孩在一间糖果店里撒欢儿,正如事后证明的,这是一个恰当的类比。松鼠们——我很快就瞧见了3只——真的是在采取槭树的树液吗?或者它们只是在饮用树液,因为树枝在风暴中已折断,伤口处恰好有树液滴下来?

我对松鼠行为的无知最终成了一笔宝贵的财富,因为它使得我去追问这个幼稚的问题。假如我已经了解关于北美红松鼠的学术文献,我可能就会对我所见不予理睬,当它只不过是在舔舐树液,并早已将之抛却脑后。然而事实是,我准备更进一步地调查研究。

稍后我获悉,北美红松鼠取食树液早就为人所知了。1929年,哈特(Robert T. Hatt)在他对该动物详尽的报告中说明:当树液从受伤的枝条、吸汁啄木鸟啄出的洞、甚至是由松鼠自己造成的切口流出来时,北美红松鼠就会吸食树液。哈特还引用了博物学家沃尔顿(M. A. Walton, 1903)有关他最爱的北美红松鼠的论述:

> 每年春天,俾斯麦在我小木屋附近采取树液。它始于槭树,稍后终止于桦树。如果那株树很小,他在树干上采取树液;如果那株树很大,它则在树枝上忙活。它将树皮啃穿,咬进木里,随后它于树木伤口下方抱紧树枝或是树干,同时舔舐那甜甜的树液。如果树皮上某个洞坑内有树液流淌,俾斯麦一定会发现它的。

许多其他报告尽管短得多也没有如此详细,却包含了关于北美红松鼠"采取树液"或者"舔舐树液"的趣闻轶事般的引证。在一篇写于1954年的关于北美红松鼠生物学的论文里,莱恩(James N. Layne)陈述道:"当生境中水分不可得时,在此阶段利用树液可能是极其重要的。"

然而,针对我所见的行为,认为松鼠舔舐树液是为着水分,这个猜想在我可能解释的清单中排名并不高。诚然,槭树树液的水含量通常可达至少98%;但是在新英格兰的背景下讨论树液,对于冬季活跃的动物们而言水分并不是一种稀有的物品,因为到处可见积雪和由冰雪消融得来的水。如果松鼠们需要水来解渴,它们为什么非要大费周章地一棵树接着一棵树地爬,并且还要在结了冰壳的雪地上长途跋涉抵达那些树呢?它们脚下就有它们所需要的全部水分。

我反而设想松鼠是将获取的糖分作为一种能量来源。我长期以来就对动物能量学感兴趣,我无法想象它们如此大费周折,通过摄取一种没有味道的(在我看来)、含水量达98%的溶液来获取能量。松鼠喜欢高能量的食物。(即使树液取自最好的树木,也即那些通常长在开阔地带,生有一个大型树冠的树木,这样的树液在大幅度浓缩去除大部分水分之前,作为食物能量都是缺乏效用的。联邦条例规定,标签为槭糖浆的产品至少要含有质量分数为66%的蔗糖。佛蒙特州规定佛蒙特的槭糖浆含糖量至少应达66.9%。)根据堪萨斯大学史密斯(Christopher Smith)的研究,一只北美红松鼠每日能量预算最低需117 000卡路里。我计算了一下,如果一只松鼠可以通过饮用树液达到这一能量需求,它每日将饮用至少40加仑*的树液。很明显,这已经超过任何一只松鼠的饮水量了。我越是探索松鼠的行为,就变得愈加着迷。

假使真如我所设想的动物是在累积糖分而不是水分,那么它们怎样识别糖槭树,并且它们如何解决由树液生成糖分这个问题呢?在我小木屋附近生长着大约20种常见树种,而这些松鼠只访问两种树:红槭树和糖槭树。红槭树树液的稀释程度是糖槭树树液的两倍,相比于

---

* 美制1加仑=3.785升。——译者

红槭树,松鼠显然更喜欢糖槭树,同时松鼠对这两种树的喜爱程度均超过其他树种。

接下来的问题是获取树液,考虑到那副尖利的门牙,任务的艰巨性也许还稍逊一筹。在大多数树木中,一些液体可以通过切割树皮的形成层获得。然而在槭树中,生成糖分的组织不在树的内皮,而是在内皮之下的木质部。这就是为什么糖农将他们的槭树培植到3英寸粗。在冬天,单单是去除槭树一小块树皮并不产生树液,这是当我试着复制出松鼠啃的那种看似很浅的切口时发现的,令我感到惊奇。

一个潜在的糖分收割者要面对的另一个问题就是树液流淌的发生时间。通过长期的经验以及最近详细的科学研究,人类如今知道了槭树树液是由大幅度的气温波动触发,并在某种程度上赖之维系的。在冬季和早春,以及偶尔在秋季,当夜晚有霜冻、次日白天气温升高时,树液就会在树内流动。然而,在新芽即将萌发或发芽伊始,树液就会停止流动,即使霜冻还在继续。

考虑到树液流动在可利用性和采取时间方面的种种特性,收割槭糖看似需要一套专门的进化行为,而不仅仅是机会主义。舔舐一株树上随机渗出来、未经加工的树液来解渴是一回事,然而收割在槭树液中发现的糖分完全是另一回事,这应成为一种能量收获而不是能量消耗。这些想法引导我去做系统的观察。

松鼠从中取食的糖浆痕迹在树皮的映衬下显得反光且颜色较深。从表面上看,它们看似水痕,但近距离研究却表明根本不是那么回事。某日,当树液汩汩流动时,我用我的便携式折射仪——一种啤酒和葡萄酒制造商通常使用的工具(但在研究大黄蜂及其取食行为时,我用此工具来检测花蜜)——测量了60个切口处的糖分含量。在几处位于水平树枝上的切口处,趁树液还未落到地面,我于树枝底部收集到了成滴的树液。这些切口流下的树液含糖量在4%—5%。对于未经加工的树液,此含糖量已经是非常之高了,但它仍然是一种相当寡淡无味的饮品。然而,在大多数切口处,树液沿着一条倾斜的树枝或是笔直的树干以稀薄的条痕状流下来,平均长度约为16英寸。在此,树液被树皮的表面张力所"捕获";同时,就好像一条持续变干的油灯灯芯,树皮将树液大面积铺展开,适宜快速蒸发。这些树液痕迹上的糖浆已经几近干涸,生成了一种黏稠的糖浆,含糖量几乎一致地高于6%,并且在某些情况下高于55%,达到了我仪器读数的上限。我观察的那些松鼠几乎无一例外地在那些浓缩了的条痕上取食,沿着一层薄薄的、糖分黏附其上的树皮,用它们的牙齿及舌头啃食糖分,看上去在避免取食那些液体状的、极淡的树液滴。

这些观察确定了松鼠是在寻求糖分,而不是水分。在那些多云天,当气温保持在冰点以下时,没有任何树液在流动。然而,我测量的所有这60滴树液的含糖量均高于55%。缺少新鲜的流动树液饮用并没有阻碍松鼠;我头一回观察到有5只松鼠同时在进食。它们在收获的几乎是纯糖,又无需应付大量的水分,水分通常起到了一种阻碍物的作用。回头看来,我所发现的并不是什么令人惊奇之事。在冬季,空气通常相对干燥,因为水在低温下会凝结出来。当气温突然回升时(就如艳阳天里当树液流动之时),空气可持有更多的水分,而且蒸发很快。因此,树液流动的理想条件正好也是蒸发的理想条件。

红松鼠的所作所为可不只是机会性地到访那些恰巧含有糖分的树木伤口。它们在有条不紊地自行制造树木伤口,随后可作为糖分流出口。我没见过"天然的"破损伤口。那几百个我所见的、以及有松鼠到访的树液流出口,其中的每一个伤口都是由松鼠自己制造的,这些伤口很独特,且容易辨认。

通过停留不过大约1秒或更短的时间(趁着到访附近的糖分流出口时)在某条树枝上咬一口,松鼠正是以这样一种有条理的、尽管看似随意的方式来制造它们的糖分流出口。然而,这些都不是随意的啃咬。如我已经提及的,要想让树液流出来,就需穿透树皮底下的木质部。每个流出口只含有一个2毫米的洞,由一副相对而生的牙齿一次性咬穿而成。在牙齿穿透的咬伤处通常会留下一窄条卷起来的树皮。然而,松鼠并不打算通过啃咬移除什么东西;它们制造的树液流出口并不是取食树皮的附带事件。并且,松鼠总是咬一口之后马上移至下一处,而不是等着什么立即的奖赏。松鼠只有在制造出树液流出口几个小时或几天之后才会再次到访。在缅因州和佛蒙特州,我调查了另外32处地点,在其中19处的糖槭树苗上发现了同样的啃咬痕迹。

松鼠在挑选树来汲取树液时是具有高度选择性的。1月28日那天,在靠近我小木屋的林中开阔地处,一组15株糖槭树幼树的样本显示出共158个啃咬的痕迹,而73株其他树种(25株红槭树、20株白桦树、20株白杨树、8株苹果树)不见任何树液流出口。当我一个月后再次检查这些树时,每株糖槭树上的树液流出口数量均已增至3倍,而那些非糖槭树树种依然未被松鼠啃咬。整个夏季没有新的树液流出口出现了。但在11月底时,在一些寒冷的夜晚之后有两个温暖的白天,松鼠取食树液的行为立刻又继续了。

松鼠能够将红槭树和糖槭树区分开(对选修我冬季生态学课程的大多数大学生而言,这是一项令人害怕的任务),我挺惊讶的。但我猜测松鼠对树种进行分类可能并不太依赖于嫩芽或树皮的形态,而是以化学物质作为部分依据。松鼠凭借气味发现食物的能力是众所周知的。

松鼠总是在取食树液之后立即制造它们的树液流出口。因此,如果一个此前的伤口产出糖分,那么这株树很快就会有第二个伤口,这就生成了一个正反馈循环,使含糖量高的树上树液流出口数量增加。我从未在任何一株红槭树上发现超过6个树液流出口,却在一株矮小的糖槭树上最终发现了102个树液流出口。

　　槭树个体之间在它们生成的树液数量和浓稠度上差异极大。举例来说,相比于在开阔区域蓬勃生长的树,例如那些靠近我小木屋生长的树,生在密林深处、树冠窄小的树木产出的树液就会较少。这也许可以解释为什么看起来从附近针叶林而来的松鼠会到我小木屋近旁的糖槭树丛林里开采树液。

　　正如雅各布斯(Lucia Jacobs)已经表明的(参见《灰松鼠的储藏经济学》,于1989年10月发表于《博物学》杂志),灰松鼠有着绝佳的记忆能力,并且储存食物以助它们安然度过冬天直至春季。红松鼠也储存食物,且毫无疑问地对地点有着良好的记忆能力。确实,在我印象中,有一些松鼠(尤其是靠近小木屋的、我那几只驯良的松鼠)非常定期地到访那些有"树液流出洞生产线"的树木。这些小动物在雪地上留下的足迹模式可以支持这个印象。一整晚轻雪飞扬之后,在已经很深的、结了硬壳的积雪之上覆盖着一层大约半英寸的薄薄的雪,我沿着那些往返于我糖槭树丛林里个体植株间的痕迹,去寻找那些经常被它们造访的树。我在上午10点至11点间展开调查,正是动物们食过它们的清晨甜点后返回森林不久的时候(许多动物会在傍晚时分再次返回)。它们选择树木的印记被写在了雪地上。93株有树液流出口的槭树中有74株已被造访过,而15株未被取食过树液的糖槭树没有一株吸引到松鼠。113株其他未被采取树液的树中,只有7株有松鼠攀爬过。松鼠会特别造访那些此前有制造出产生糖分的流出口的糖槭树。

　　仅仅过去几个小时,每个树液流出口的产糖量就会产生极大的改变。然而,平均而言,我测量到每滴树液的含糖量为81毫克。按照每毫克糖分含3.7卡路里计算,一只松鼠每食用一滴树液可能会吃进300卡路里。尽管松鼠能够在一分钟或是更短的时间内收集到这些糖分,这个热量仍然不太可能是一只成年雄性松鼠每日能量预算117 000卡路里的主要组成部分。显然,动物们是不能指望这种好吃的甜食作为一种稳定的日常饮食的;在冬季经常有许多个星期没有一丁点树液在流动,并且在松鼠依赖针叶树种子安然越冬的生境里,糖槭树也不是到处都有的。

尽管取食树液可能只是满足了松鼠全部能量预算的一小部分,而这却很可能是这个生物群落中其他一些成员的主要食物供给。在北美洲,无论糖槭树长在哪里,总能同时发现一群在冬季活跃的蛾子,由12个至大约50个种聚在一起,均属冬夜蛾亚科(Cuculiinae)。当它们活跃时,这些夜蛾是温血的,或称恒温的。由于它们较高的新陈代谢水平,这些夜蛾需要大量的食物能量。虽然大多数蛾子和蝴蝶以花蜜为食,但这些冬季活跃的蛾子其能量来源此前是不为人知的。为我研究这些夜蛾之故,需要稳定的夜蛾来源,我将稀释的槭糖浆抹在树上,以此法定期获得大量夜蛾。如果这些蛾子食用的槭糖浆是由松鼠提供的,那么它们在冬季如此活跃就部分地得到了解释。

了解到了红松鼠是以槭糖为食的熟练的收割者,这使我疑惑人类又是如何知悉这种在槭树上发现的几乎无味、水含量过高的液体可以制成一种美味的食物的。我很乐意思索红松鼠可能已经展现给我们的启示。

冬眠，保温和借咖啡因提神

《纽约时报》,2004年1月31日

一位荣誉退休的教授在零下20华氏度(零下29摄氏度)时"衣不蔽体"地在雪地上打滚,同时像个报丧女妖那样哭号,这或许是在展示季节性抑郁症引起的令人惊奇的情感释放,又或者是他在表现出一种轻微的(好吧,一种不那么轻微的)自负行为。无论如何,过了20秒,在简短地体会了一种心境上的转变之后,我立刻跳起来回到桑拿浴室。

此时正值我冬季生态学授课期间,我带着12个生物系学生住在我位于缅因州西部丛林的小木屋里,每年一次,为期一周。这一课程的理念就在于暂停,阅读自然并开始体会自然;除非你让学生们亲自品尝咖啡,不然很难教会哪怕是最聪明的学生咖啡是何种味道。我们选择1月中旬来品尝冬季。我们挑了一个好时间:雪量充足,温度适宜。顺便一提,大家都成功活下来了,每一位!

仅仅是经受半分钟的严寒和整个冬季都在户外安然地度过,此间差别当然非同小可。动物们可以展示给我们看它们是如何应付的,并且它们的方式极其多样。从一个普通人的个体经验出发,我敢打包票人类生存所需的主要要素为:保温、格兰诺拉燕麦条和咖啡(稍后会多加讨论)。在这种环境下大多数人都不会遭遇卡路里或是饮料的短缺;

我们很少有完全无法到达一家店铺的时候。

然而，对于第一个要素"保温"我不是那么乐观的。"保温"的关键在于许多层或是一厚层严实密封的空气。我的里昂·比恩(L. L. Bean)*装备通常是足以胜任的；但是，正如我通过经验习得，那也得取决于你身处何地。许多年前，我北上到访因纽特人的国度，在一个到处都是狗的小村庄，那里由海象脂制成的40磅重的"香肠"就埋在附近苔原之下，在永冻土层带慢慢发酵。我瞧见一些男人正在往雪橇上装载充足的燃油罐，好让他们的雅马哈牌机动雪车可以绕着北极跑上至少一圈；我请求上车。"没门儿，"有人回答我，"除非你脱掉那些白人的衣服。"

我买了一副海豹皮的手套，长度可达我的肘部，还有一件漂亮的手工缝制的派克大衣，材质是生驯鹿皮，饰有狼毛，大衣低垂至我的双膝。同事借给我海豹皮靴子和驯鹿皮裤子，我收拾停当了。我看上去就像一个生活在喜马拉雅山区的雪人，同时自觉像一位君主。在一个零下40摄氏度的夜晚，在我们行驶了大约60英里后我几乎还是暖和的；黎明时分我们到达了钓鲑鱼和猎捕狼及驯鹿的营地，在那里鲑鱼如同造纸木材般堆积在一处，被剥了皮的动物尸体散落在四周。所得的借鉴是：在极北地区，如果你想和温血动物一起四处走动，你就要穿得跟它们一样。

大多数生活在北方的哺乳动物在深秋时节换上了一身更密实、更厚的"冬季外套"。它们更换皮毛大衣的时机与"光周期"有关——日照和黑暗的相对时长。人类，一种源自热带地区的灵长目动物，通过从哺乳动物那里获取衣物而存活下来。我们近期发明的替代物是一种耐用却相形逊色的仿造品。

鸟类的保温能力——按照每单位体重计算——更优秀些。美洲山

---

*美国著名的户外用品品牌。——译者

雀在即使最寒冷的清晨也会借着第一缕晨光飞出来觅食。它们的身体核心温度比我们稍稍高些,而它们羽毛的保温层还不足1英寸厚。经由羽毛的热量损失通过竖起羽毛降低了,这就是为什么随着冬日渐寒许多体形小巧的鸟类看起来更圆也更胖,即使它们一夜之间体重减轻了(但是翌日就会恢复体重)。

如果没有持续的热量生成,通过蓬松羽毛来减少热量损失作用就不大。这就需要由食物来供给燃料,且燃料成本在冬季急剧上升,通常这正值燃料供给开始减少之时。那就是为什么,像我们一样,其他许多种在冬季活动的动物通过时常调低它们的恒温器、抱成一团以及寻找避身之处来减少它们的燃料成本。

北方的䶉鼠露宿在温暖舒适、由撕碎的香杉树和白桦树的树皮铺就而成的巢穴里,它们可能会相拥围聚,组成一些性别单一的群组,每组多达10只或更多个体。对比之下,花栗鼠在秋天采集食物储备,然后在它们那隐秘的洞穴里食用。它们随后可能会陷入浅度的冬眠,尤其是当坚果吃完的时候。土拨鼠以身体脂肪的形式储存它们的能量,整个冬天都处在深度冬眠状态。许多动物没有这些节约能量的诀窍,也没有途径获得足够的食物,就被迫迁徙了。

在探究不同的动物使用何种方式越冬时,我见到各种式样却又一致的模式来解决同样的问题。令人着迷之处在于查明这些解决办法是如何根据具体情况进行微调的。

我冬季生态学课上的学生带来了大量的食物,为这一周做好准备。我很高兴地对这些食物作了一番调查:一堆来自佛蒙特州的奶酪、佛罗里达州的水果、加利福尼亚州的葡萄干和坚果、中西部的面粉和燕麦,还有我不清楚来自何方的可可粉、糖及牛奶制成的巧克力。每次去森林散步,我们都背着小点心,因为我们沿途从来都找不到任何食物。即使我们有矛和弓来获得午餐,我们也未必能存活下来。

在少年时期,我曾有过浪漫的想法,想在这些森林里待上一年,像个原住民猎人那样"靠土地吃饭"。然而自那时起,我端坐在树上数个小时、数日,希望能得以一瞥鹿的身影——时间已长到令我明白,这项能输入卡路里、起到补助作用的活动,所花的成本却会高于它能获得的收益。我打的寒颤正在快速地消耗着糖果棒的卡路里,热量逐渐消散在冰冷的虚空之中。

我不禁仔细考虑起冰期的尼安德特人在中欧的森林里可能曾使用过的策略,在那里他们没有途径获取海岸的丰富资源,却仍然生存了数千年。或许他们曾像熊一样冬眠过? 熊有一种本领,当食物充裕时拼命吃让自己长胖,随后很长一段时间都可以维持不活跃的状态——我们中的一些个体似乎对类似的情况有预适应。我好奇当事情真正发生时他们怎么看待我们这个物种,反之也是如此。

在冬季,我通常都觉得临近下午4:30、天色开始阴沉时,自己就变得昏昏欲睡,直到晨光初现我才会清醒。一缕人造光可能会让我稍延迟一段时间再睡,但也不会太久。我可以勉强混过好几个小时清醒的时间,但我确信时间被延长一方面是靠灯光,另一方面是指望咖啡的作用。

所以我也许是一个季节性抑郁症的受害者,迟缓且消沉。一些人认为这可看作一种病理状态,但我对此深感怀疑。我现在倾向于相信这**不是**一种病。我觉得它可能是适应性冬眠反应的一种"痕迹残留"。如果你生活在森林,那里光线暗淡,小木屋冰冷,在洗过一个热桑拿之后,裸身在雪地上嬉闹一会儿或许是正确的、令你震惊得恢复了活力的冬季幸存技巧。

与象共存：一种牧食的关系

《博物学》，2017年5月

我自幼就受到大自然生态平衡这个概念的影响，生态平衡建立在植物、食草动物、食肉动物以及其他生命形态组成的复杂网络上，在此一种生命形态的命运对其他生命形态的命运有多米诺骨牌效应。

去年秋天，我身处靠近赤道地区——非洲博茨瓦纳奥卡万戈三角洲的莫雷米野生动物保护区，这是地球上最原生态的旷野生境之一，或许含有一整套有代表性的更新世动物群体。维护这样一大片旷野生境是整个国家的任务：禁止盗猎、伐木、放牧及工业化农业生产。我在雨季伊始抵达，一些树木正在开始发芽。然而，我却发现自己身处一个看似树木尽毁的区域。大型的树木已经被推倒——有一些是新近遭到砍伐的，其他的则已经腐烂归于土壤。如果我在家目睹此情此景，我定会猜测起因是天气事件——风切变、飓风、冰暴——或者也许是乱砍滥伐。在这片未经开垦的荒野之上，还有其他一些事情令人惊奇——这些事情违反我所珍视的另一些生态学概念。遍布在被摧毁景观之间的大型斑块由低矮的、几乎是同一物种的树组成：可乐豆（*Colophospermum mopane*）。同样的，许多——如果不是大多数——大型的、被摧毁的树也是可乐豆。

树种多样性在热带地区非常之高,随着远离赤道该值稳步地降低(出于一系列可能的原因)。鉴于一个物种的存活有赖于其他物种,树种多样性维持着允许众多动物物种生存的外界环境。在动物群体丰富的博茨瓦纳,这里**应该**有着许多树种。在一些区域树木分布稠密,而在南非共和国(北部地区)、博茨瓦纳、马拉维、赞比亚、津巴布韦、纳米比亚、安哥拉,以及刚果共和国,这些可乐豆森林覆盖了广阔的土地。为什么这些地区的树种多样性如此之低,而非洲,尤其是非洲南部有着极高的植物和动物物种多样性呢?缘何在博茨瓦纳的奥卡万戈三角洲只有如此少量的树种,而此地是一个季节性炎热地区,近地表水源充沛易得。

可乐豆在形态上的变化差别可能会是一条线索。呈斑块生长的可乐豆有三种主要的形态。那些生长在半开放森林里的可乐豆较高——它们可达大约30米高,共生的还有其他高大的树木,例如金合欢树、金鸡纳树、雨树以及风车木。在其他斑块内,可乐豆只有2至3米高,向着所有的方向均匀地蔓延,好像巨大蓬乱的葡萄藤架。在其第三种形态中,可乐豆有将近10至15米高,也是均匀、大量地铺展。这种多样化的形态和分布并非表明一个物种适应由其他物种创造或改造过的完善、不变的小生境,而是对偶发的捕食压力或偶发的天气事件有着若干不同的反应。

一种体形较大的帝王蛾(*Gonimbrasia belina*)将其卵块主要产在可乐豆的叶片上,叶片是幼虫在它们各个发育阶段的主要食物。然而,这些树很容易从"可乐豆蠕虫"*的破坏中恢复,正如它们通常为人所知的那样。有些大型的、破坏性更强的事物在糟蹋这些树。大象和长期干旱有明显的嫌疑。

---

*尽管名字叫"蠕虫",但它并不是真正的蠕虫,而是帝王蛾的幼虫。——译者

　　在我访问期间,大象开始返回丛林,以新长出叶片的可乐豆为食。在旱季,它们数月集中于宽河(Khwai River)的水域附近。我们一日出游就瞧见49头大象。雨季正盛之时,我们每日预期可见600至800头大象,根据我们的向导所说,这无疑是干旱的地理周期在起决定性作用。

　　事实证明,大象、可乐豆蠕虫、山羊、牛、扭角林羚和黑斑羚全都喜食可乐豆的叶片,因为其氮元素含量丰富——豆科植物其他成员也有此典型特征——并且,也可能是因其含水量。然而,大象可以够到幼树的顶端,并且可以吃到甚至更高大的树中较低的树枝。大象食用树木可以塑造树木形态,具体取决于牧食发生的时间。在那些可乐豆清一色是2至3米高的区域,每株树都已转变为多茎株型,原因可能是在树顶端和树枝被剥开之后树从根干处向着几个方向再生长之故。在那些可乐豆高大的斑块里,树木在离地6米之内没有树枝,因为这些树枝一直在大象所及的范围之内。当这些树尚且年幼时,它们逃过了大象的啃食,很可能是因为大象彼时不在此地。一旦这些树长到足够的高度,哪怕大象吃光了较低处的树枝,它们业已集中力量于顶端的生长了。一些树已经发展成了巨伞的形状。那些中等大小、较上层树枝不在大象所及范围内的树已经被大象推倒了。每头大象重达3至6吨,对它们而言没有什么树可以成为挑战。体形最大的树保持挺立的时间更长些,成为大象最后的选择对象,一些树最终被象牙剥去了长达几米的树皮,而不是被大象推倒。被剥了皮的树木最终变得衰弱、死亡,然后以干枯遗骸的形式继续挺立着。然而,可乐豆却有一个独特的生理机能,为此情此景增添了一个新的特点。

　　大象,或是一次长期的干旱,可能会清除一个区域内所有的树。其后,随着此前被毁坏的区域再度被植被覆盖,会有可乐豆新长出来。当大象返回此地时,它们应该是偏爱某些物种,并最终将该物种在小范围内移除了。当我们临近马翁小镇——通往奥卡万戈三角洲之路——时，几乎所有矮小的金合欢树都被过度地牧食过，许多金合欢树已然几近殆毁。然而在镇上，那里大象很少或是几乎没有，高大的金合欢树尚且完好无损。假如人类突然弃城而走，大象就会被它们最喜食的金合欢树吸引，迁移进来，它们将吃光这些树较低层的树枝。这些树随后就会将生长重心移至顶端，于是一片由高大的伞状树木组成的开阔林地就会形成。之后许多树木将会倒下，森林尽毁。另外一个物种将取而代之，前提是这些树种的牧食者能缺席一段足够长的时间。牧食者返回此地的时间点将会影响到树木的外形。

可乐豆也一直处在大象牧食的强大选择压力之下。此二者可能已有几百万年协同进化的历史了。然而，可乐豆作为大象饲料这个明显的弱点也许已经转化成了一项优势，非常像是稀树草原已经有效地进化出对牧食者——例如角马——的一种依赖。大多数树种被推倒后很快就死亡了，然而年轻、中等大小的可乐豆，它们被大象推倒并食用，却依然留有一些根系在地下。和其他大多数树种不同，这些可乐豆不仅能够重新焕发生机，还能沿着它们已倒下的整条树干植下更多的根。新的树枝从依然活着的树干里抽出，它们向上生长变成了新的直立的树干，因此许多可乐豆是从曾经的一株树发芽而来。类似地，在那些大象已经啃食过较年幼的可乐豆的地方，这些树已经生发出新的树枝。种子通过大象食用果实传播开来，也就是大象——通过它们对这株树的"创伤疗法"——助其繁殖。在12月的第一周，当我到访此区域时，我追踪调查那些生长到1英尺长的新枝。树木尚且还有6至7个月的生长时间。有这样的生长势头，难怪这些树会存活下来，并且繁盛发展。在相对均一的斑块里，可乐豆多样的形态表明大象在过去的一段时间周期性地缺席，这就容许树木在大规模啃食再次发生之前可以持续生长，以达到不同的生长阶段。

　　可乐豆不是与大象共生的唯一受惠者。大象推倒或杀死许多树，却留下了那些最大的样本，当大象以此方式清除地表时，它们创造了一个好似公园的、尽管不那么整洁的环境。阳光到达地面，青草发芽了。河马在附近的水域进进出出地啃食青草，生成小沟渠，河水得以蔓延开去。在雨季伊始，我瞧见青草的嫩苗，药草和小树苗冒出了地面。黑斑羚带着它们那新生的、活泼的幼崽在药草丛间。野犬和豹子一准会尾随其后。这片大草原上所有的食草动物，以及灌木丛和森林中的生物群，也许都应该感激大象的存在。我都没有意识到时间和生态演替因子的影响，直到我看见了这些。大象，因其体形庞大和强壮有力，也因其长途跋涉，模糊了时间和地点的生态边界，而这些因素在长时间尺度上极大程度地定义了非洲的景观。

狩猎：一个角度问题

《博物学》,2017年3月

　　黎明时分在奥卡万戈三角洲,一阵鸟儿的合唱刚刚开始。此处是莫雷米野生动物保护区,在高大的风车木下一块没有篱笆的林中开阔地,我们围坐在一处闷烧着的营火四周。拉斯·孟都(Ras Munduu)——我们在博茨瓦纳观察野生动物之行的队长兼向导——偶然地走到我们这开阔地的边缘,随后跑回来大声喊道:"快点,快点,到卡车里去!"由于夜里已经听到过鬣狗、河马和狮子的叫声,我们一行四人便争先恐后地跟在拉斯身后跳上了车。"野犬!"他说道。

　　在一通长达10分钟的疯狂飙车之后,我们发现自己置身于一派田园风光之中,周围有17只非洲野犬(*Lycaon pictus*)。它们在一处白蚁冢旧址上的干草丛里懒洋洋地闲逛。一片薄雾笼罩在附近宽河那绿色的河床之上。河马夜间外出漫步,此时已然归来。预计今天气温又会高达100华氏度(约38摄氏度),河马浸入水底,而鳄鱼却在河边曝晒。大象前来啜饮,200多头非洲水牛夜里就已经到达这里,此刻正由牛背鹭和非洲啄牛鸦伴其左右。我们听得见远处传来一头狮子深沉却微弱的咆哮声。野犬们轻松自在,嬉戏着,看起来就好像是一群瘦弱的、被着了色的杂种狗,每一只野犬都由黑、黄或是巧克力色涂抹成一种独特的图案,每一只都凭借自己的行为与它者区分开来。

正当这些野犬紧靠着我们那辆侧面敞开式的丰田陆地巡洋舰胡乱研究时,它们看似没有注意到我们,这使得我们自觉像是穿了一件隐身斗篷似的。然而,我们被极力地警告不要向外伸手或探身,也不要交谈。这辆车就似乎是个双方都默认的安全地带,在我们和野生动物之间有着规定好的契约准则。

其中一条野犬突然站定静止不动了,竖起它的大耳朵,目光凝视着远方。其余的野犬做着相同的动作,我们也一样。从我们的位置看过去,我们只见一片广袤、低矮、被大象牧食过的可乐豆树。疏疏落落的雨树和金鸡纳树高度可达20英尺,其枝条也被大象和长颈鹿啃得光秃秃的。那只陷整个野犬群于警觉之中的野犬突然一跃而起。其余的紧跟其后,但仅仅是大致相同的方向;它们分散开来。一场狩猎开始了。我们也动身,尾随着野犬群。"它们可以永远这样跑下去。"拉斯说道。虽则"永远"是一种夸大其词,然而天气还很凉爽,这些野犬和它们预期中的猎物不会轻易就因过热而减速的。

图4.2　非洲水牛(African Cape buffalo)。

在跟随着野犬们狂飙了数分钟之后,我们看见了斑马。野犬中的一只猛然转向,靠近了斑马群。斑马们没有逃跑,而是形成了一个圆圈,将一匹幼崽团团围住。其中一匹斑马向前迈步。那只野犬面对挑战后退了,重归野犬队伍。又过了几分钟,我们瞧见了黑斑羚——一种小巧优雅的羚羊,它们跑得比野犬还要快。然而没超过10分钟,我们就听到响动从身后一大片灌木丛中传来,小黑斑羚的叫声泄露了实情,一场杀戮正在进行。虽然黑斑羚幼崽在出生后几个小时就已经是敏捷、快速的奔跑者了,但这些幼崽的速度还不足以快到摆脱一群野犬。它们的母亲将它们藏在丛林之中,随后便逃跑,作为诱敌的圈套。然而,这些小黑斑羚一定是被惊起来了。野犬们叼着3只小黑斑羚的残骸在丛林中现身,一些野犬正在争夺残骸的某些部分。其余的四散开来,撕扯咀嚼着羚羊肉。整个狩猎过程中野犬们始终保持着安静,但是眼下,当一些野犬接近那些已经享用过美味的个体时,它们发出高亢尖锐的噪音,乞求对方可以通过反刍刚刚于匆忙间吞下去的食物来分一杯羹。

这些野犬是一个团队。一场成功的狩猎需要团队来实现——猎物躲避一只野犬,却可能一不小心就碰上另一只野犬——但是团队必须足够小,使得所有个体都能分享到猎物。和狼一样,非洲野犬群中只有一对会繁殖。生育特权是基于功绩,在狼群和非洲野犬群里取决于地位或是力量,这包括了健康程度和遗传特性。正如在狩猎中的分工一样,在生育繁殖方面的劳动分工容许一些成员照料一窝幼兽,同时另一些成员狩猎。

在我们目睹这场狩猎之前,从情感上讲,我们已经感动于黑斑羚及其幼崽的美丽和优雅,这是我们能想象得到的最可爱的、四肢纤细、高兴地昂首阔步的动物。很难不同情它们。然而我们对这场追逐的结果也不是完全中立的。我们被野犬吓呆了,转而支持野犬。当我们亲见它们的作战策略逐渐展开,我们也自觉参与其中;我们是冒牌的捕食者,从当下抽离,退回到曾经在此狩猎的更新世原始人类的思维模式中去。他们可能有一个和野犬类似的社会系统。他们食肉。作为二足动物,他们是优秀的奔跑者。他们将狩猎的战利品带回家或是一处洞穴,来分享猎获物。我们被同样的本能牵引着,不同的是,我们的战利品是影像和故事,我们希望捕获之并带回家去品味和分享。

在博茨瓦纳野生动物保护区,捕食者随处可见,或大或小;但目前为止,我们——尽管连续3天每日驾车并探索10个小时——还没有看见过狮子,虽然每个夜晚,当声音在更加凉爽、湿度饱和的空气中远播时,我们已经都听到过隆隆声,就好像是远处的雷声,除去声音在有节奏地震动着。第4个晚上我们听到这些遥远的喧闹声时,拉斯断言狮子就在6至7公里之外。翌日清晨5点,当我们再次听到隆隆声时,拉斯启动了丰田陆地巡洋舰的引擎,大叫道:"出发啦!"像观光者一样谈话可以鼓舞士气,我这样想着。没有人能在这片广袤的、面积可达4870平方千米、开阔的原初荒野上准确地定位到一只具体的动物。但是我们装载停当,迅速开启了另一场野外狩猎。和第一次狩猎一样,无论我们将会看到什么,仅仅是由于速度、期望、可能的发现、惊喜、与志同道合者的友谊这些因素,这次狩猎预计就会满是令人激动之事物。

旅程引领我们沿着崎岖、蜿蜒的单行沙土道一路向下,穿过森林和草地的混合地带。第一场雨已经开始使黄褐色干燥土地上的小草发芽。在我们看来地形是平坦的,而在博茨瓦纳人眼中,这是在宽河那许许多多潟湖间高耸起来的小岛,小岛上生长着大量的树。很久很久以前,风裹挟着白沙来到此地,塑造出这些小岛。在1月和2月期间,暴雨从安哥拉向南流淌,雨水淹没了小岛,使之变得适宜生命存活。河马创造出水道,帮助分散雨水,白蚁筑起高达20英尺的土丘,其上生长着树木。

在大约半个小时之后,我们停下来拍摄一头长颈鹿。就像这个保护区里所有的动物一样,它根本就不怕坐在车辆里的我们。起初我们只听到鸟鸣之声,随后我们听见一系列低沉的隆隆声。我们离狮子很近了。10分钟不到,在我们前方一处废弃的白蚁丘那平坦的顶部,躺着一只成年雄性狮子,它有着蓬松、棕色的鬃毛和一张灰白的脸。当我们驾车驶近,离它不过15英尺时,它凝视着远方。它是如此之近,我们可以看见它纤细的体毛,其上点缀着苍蝇。我们中没有人能把目光从它身上移开,然而它甚至都没有劳神转过头来看我们一眼。相反,它目光悠长注视远方。几分钟后它才慢慢地转向我们,这样我们就能仔细地看清楚它亮黄色的眼睛。它打了个哈欠,露出了巨型大口和一副引人注目的牙齿,接着就扭回头去,继续陷入半休眠的状态。它的搭档是一只更年轻的雄性狮子,躺在距它约200米远的地方,同样安逸。雄性狮子经常和另一只雄性狮子结盟来打败控制着狮群的雄狮,结盟对象通常是同窝出生的兄弟。

这两只狮子在咆哮,宣称着它们的领地,同时在劝退挑衅者。按照拉斯的说法,它们的母狮群应该就在附近,或至少在听力可及的距离之内,或是数千米之遥。在我们观察了大约10分钟或更长时间后,较年长的狮子开始活跃起来,发出几声轻柔的隆隆声。然后它的肚皮上下起伏着,随着它的头愈发高昂地抬起,隆隆声变得越来越大了。我们惊讶于如此近距离听到的音量强度。我们逗留了半个小时来观察这只全然野生的动物,它对我们漠然待之,都不及它对一只织巢鸟或是辉椋鸟的关心程度。拉斯推测,它和它稍年幼的搭档正在积极备战,来保护它们的领地和兽群。一只独立作战的狮子可能不会有机会对抗这对处于统治地位的狮子。然而,它们的挑衅者很可能是一对5岁的兄弟,住在同一个区域,目前正日渐成熟。拉斯认为它们将能很好地对抗这对目前保持统治地位已有3或4年的狮子。如果前来挑战的这对狮子成功了,它们就会杀死防守方那对狮子的兽群中所有幼崽,这样做将会促使母狮子们发情。

在这些争夺中，母狮子有一种同谋关系。为了确保它们幼崽的生存，母狮子推动挑衅发生，来测试统治能力。然而，母狮子是如何能够决断出跟随谁才会拥有最好的未来呢？它们假装处在发情期，这样引诱新来者交配，继而引发打斗。对于这些母亲而言，更年轻的挑衅者获胜通常意味着更长期的安全保障。

· · ·

这一次在莫雷米野生动物保护区"猎捕"顶级捕食者是成功的，以影像和轶事作为战利品。我们继续向前去寻找小一些的猎物。驾车行驶一个小时后，我们停下来拍摄一只胭脂蜂虎（carmine bee-eater）。它那极其漂亮的红蓝配色引人注目。拉斯驱车载我们前往它的源头——有数百只个体的繁殖集群。这些鸟通常在河岸高处挖掘巢穴。然而在奥卡万戈三角洲没有河岸，对这个繁殖集群而言，鸟儿们那数百个巢洞都筑在桌面般平滑的旷野之上。一只鸢出现在飞舞的群鸟之中，也许是在猎捕一只年幼或是受伤的小鸟。一只短尾雕在头顶翱翔而过。

当我们远离了这些鸟，驾车驶过一片茂密、低矮的金合欢树丛时，我们发现两头雄性狮子在树荫里并排躺着。拉斯断言这是一对5岁的同窝出生的兄弟，可能就是我们刚离开的那对狮子的挑衅者。

我们观察这对狮子，跟我们观察第一对的时间一样长，但是它们没有发出任何声音。近距离地从上面俯视狮子，我们注意到左边那头狮子保持着仰望天空的姿势。拉斯说："狮子是很懒惰的。它在观察秃鹫——为了发现哪里可以找到一场新近发生的杀戮。"一只短尾雕也正在飞翔，但是狮子只是注视着天空中另一个方向的某个小点。终于，我们瞧见了一只、随后就是两只秃鹫在翱翔。它们逐渐飞得低了些。那头狮子维持着它的注意力，双眼向上锁定目标。另一头狮子则保持着伸展平躺状态，也许是睡着了。第一头狮子起身，在离我们汽车不过几英尺的地方踱着缓慢且审慎的步子,随后朝着秃鹫刚刚落下去的方向继续笔直地走过去。它悠闲漫步着,没有回头看一眼。最终,第二头狮子立起它的前端,观察着它的兄弟,兴趣明显增加了。

在那个当下,我们决定去跟随那只处于领导地位的狮子。我们驾车走在它的前面,随后绕着圈,在树木之间找到一个位置,希望可以中途拦截到它。很快它就出现了,突然转为稳步小跑。它继续小跑着穿过高高的草丛,随后爬上了一个白蚁丘;我们稍后将车子泊在了附近。不到一分钟,第二头狮子出现了,也正小跑而来。它加入了它的兄弟,两头狮子肩并肩站住,注视着秃鹫,几只秃鹫此刻已经停落在树梢之上。"我们一定要找出真相。"拉斯说道。然后他推测这些秃鹫还没有落到地面,是由于执行杀戮的动物——有可能是一只花豹或猎豹——还在附近。狮子们在等着它离开,这可能得花上一整天或者更多的时间,所以我们先走了,没有看到这场好戏的结局。

几日之后,抛开了丰田陆地巡洋舰这件隐形斗篷之后,我来到离地表40 000英尺的高度,以大约每小时600英里的速度飞行。这16小时的飞行给我时间来反思所见及所亲历的奇妙之事——我已经尽可能地靠近了我们那距今200万年至400万年的祖先生活于其中的更新世环境。露西(Lucy)于大约400万年前在利特里石头上留下的足迹有了新的含义。一群类似的动物在那时也曾四处游荡,所作所为如同现在这些动物。南方古猿人(*Australopithecus*)(或是任何后继出现的猿人)会定居于拥有一处可靠水源的地方。小型、被隔离的种群可以产生快速的进化。危险意味着死亡经常发生,选择压力强大。肉类是充足的,尤其集中于近水区域。如果狮子能够确定鬣狗、花豹和野犬的屠戮之地,我们的祖先也可以。他们也能够追踪秃鹫,只不过是徒步前行。他们会等待着,直到白日里的高温产生上升的热气流,鸟类巡查地表时乘着此气流,而食肉动物们则懒洋洋地躲在阴影里休息,不想走动。原始人类能够忍受高温,因其通过排汗,以及由毛发和黑色素组成的日光防御物降低了人类暴露在日光下的身体面积。最重要的是,他们有着具有抓握能力的上肢,不管怎样这都会允许他们生活在那里。他们有灵活的双手可以支配武器——石块、木条和棍棒——以及有着使用工具的集体意愿。很快,他们对所持之物有所选择,一些个体开始改变他们握在手中的工具和武器。

耐力型捕食者

《户外》,2000年9月

　　我正站在东非一块古老的景观之上。我身旁满是白色和黄色、开着花的金合欢属植物,蜜蜂、黄蜂和色彩斑斓的花金龟科甲虫嗡嗡嘤嘤,飞舞其间。狒狒和黑斑羚羊在干燥性疏林植被间漫步。每日,成群的角马和斑马轰隆隆地驶过。在远处,大象和犀牛笨重地移动在起伏不平的山间。我忙于搜索用于研究的蟪螂——这是我此行前来的目的,碰巧瞥到一块倒悬的幸运岩石的底面,就被我所见之物吓了一跳。

　　壁上画的是一系列细棍似的人类影像,很明显是在全速大步地奔跑,所有人都紧握着精致的弓、箭袋和箭,向着同一个方向,从左至右,奔跑着横穿过这块岩石画布。这是一幅有着2000至3000年历史的图画,倒也没有什么特别离奇之处——直到我注意到一些令人思绪起伏的事物:那个领队的小人双手举向空中,以一种在我看来好像是普世适用的表达体育运动胜利的手势,这是一个奔跑者本能的姿势,他已经努力拼搏过,继而感受到了胜利的喜悦。

　　这些都是几年前在津巴布韦的马托博国家公园(前身是马托波斯公园)发生的事情了,但它于我仍然是一个持久的提示:在更新世时期,我们生物学上的根源和我们作为耐力型捕食者的出身有所关联。

观看那幅非洲岩石上的绘画使我觉得遇到了一位志趣相投的伙伴,这个男人已经消失了很长时间,然而我却十分了解他,就好像片刻之前我们还曾交谈过。我不仅和不被人知的布须曼人身处同样的环境之中、有着相同的心智,我所置身之处还极有可能产生了我们共同的祖先。那位艺术家先我几百个世代到达此地;然而大约400万年前,一种两足动物离开了森林那舒适之地来到热带大草原,它处于一种居中状态,介于我们那类人猿祖先和明显可识别出人类特征的祖先之间,自此极长的时间飞逝而过,几百个世代与之相比不过是眨眼之瞬。

这不是一个容易的转变,而它着实有着决定性的生理和心理上的影响,该影响至今依然深深地根植于我们的身体和我们的心灵之中。站在那位久未谋面的、为生存而战的胜利者面前,我不由地想起自己曾经为何人,现在依然是,或许只要我们还是人类,我们就永远是。

曾经,我们都是奔跑者。尽管我们中的一些人忘记了这个主要的事实——因为作用于跑步狩猎上的选择压力已经消失很久了。然而,比较生物学教给我们:生活在草原上的生物产生了捕食者和猎物之间的军备竞赛——我们的祖先明显不会进行单方面裁军。对于那些能够捕捉或是从竞争中——即同豹子和狮子的竞争,鬣狗、胡狼和秃鹫更是不在话下——夺取到猎物的个体而言,肉食是充足的。由于我们灵长目不是杰出的短跑运动员,在那些广阔开放的空间里,为口腹之欲,我们需要绝对速度的替代物。因此和我们那原始人类祖先一样,我们成群结队地出行,疾驰着横跨过陆地,向着新鲜的、刚被屠戮的尸体而去,将食腐动物赶走。这些小规模战斗以及在我们自身物种内部的混战——即我们最初真正的竞争者——成为通往捕获活猎物的桥梁。你能跑得越快越远,你在这个基于狩猎建立起来的新社群里就变得越有价值。

1961年,我花了一年时间为耶鲁大学的皮博迪博物馆收集非洲的鸟类,我自认为经历了古代猎人面临的困境。我永远都不会忘记,在那数月期间,我们待在浓密、潮湿的山地森林里,我体会到了令人沮丧的幽闭恐惧症;另一方面,我也忘不掉走到开阔大草原上时感受到的、令人极其愉快的兴奋之情。即使是为了捕捉那些小鸟,我也得每日花上半天时间长途跋涉,就如同我们的祖先必须要做的那样。在大约200万到300万年前,我们的祖先也有腿和脚的结构,几乎和我们的相同,故此假定他们像我们一样行走和奔跑也是合理的。当其他捕食者休息时,我还能够继续,尽管速度缓慢,因为我们人类有一个很重要的身体上的优势:我们可以挥汗如雨,这使得我们能管理我们的内部体温,进而延长我们的忍耐力。那些生活在炎热干燥、水源又来之不易的环境中的动物,很少有可以承受得住如此浪费用水的生理机制。古往今来,整个大陆无数的例证显示人类确实可以追上比自身快得多的野兽。事实上,有现代的报告显示北美的派尤特人和纳瓦霍人徒步猎捕叉角羚羊,他们极有耐心地追捕着一头离群的叉角羚羊,直到它精疲力竭,随后毕恭毕敬地以手扼死这只动物。在非洲,桑人(布须曼人)追逐长颈鹿和大型的羚羊,例如捻角羚——由于体形较大,它们难以处理体内所产热量,因为必须节省水分。追捕这些动物的诀窍就在于要在一天中最热的时候狩猎,此刻也正值大型捕食动物在庇荫处歇息之时。

如今我们追逐着彼此,而不是捻角羚或其他羚羊、毛茸茸的猛犸象,或是鹿。然而狩猎和战争所需的最基本的身体运动——投掷、奔跑、跳跃——已经在田径运动赛场上变得仪式化,如今依然是奥林匹克运动的灵魂和核心,即使不是其精华荟萃所在。这些比赛是对战事的简单模仿,本着友谊的精神,尽管它们还保留了其事物源头的强度。区别是,在一场和猎物的竞赛里,总要有一个终点:我们捕获到它,或是它逃脱了。在我们彼此的竞逐中,在我们不断地力求获得更好的成绩和制定新的纪录之时,没有一个明显的终结。那么,极限在哪里呢?世界纪录和奥运会纪录已被保存了一个多世纪,然而在这么长的时间内,未曾有一年这些纪录没有被打破。不过50年前世界级别的成绩在如今就几乎是常见的。曾经被认为在生理学上不可能的成绩一次再次地被超越。1954年,班尼斯特(Roger Bannister)在1英里赛跑中用时3分59.40秒,突破了4分钟大关,当时震惊了全世界。然而,6周之内,连这个难以置信的成绩都被突破了,打破纪录这一壮举自此便成了常态。时间快进到1999年,摩洛哥人盖鲁伊(Hicham El Gerrouj)将纪录刷新至3分43.13秒。

事情就这样发展下来:在1968年墨西哥城奥运会上,比蒙(Bob Beamon)击破了波士顿(Ralph Boston)保持的27英尺4$\frac{1}{4}$英寸的跳远世界纪录,成绩为29英尺2$\frac{1}{2}$英寸。几乎有23年,比蒙的纪录被认为是难以打破的,直到在1991年东京世界田径锦标赛上,刘易斯(Carl Lewis)离此纪录仅有1英寸,而鲍威尔(Mike Powell)在同一赛事中实际上已经以2英寸的优势打破了纪录。

百米短跑的第一个现代纪录是11秒,由大不列颠的麦克拉伦(William MacLaren)于1867年创造。接下来的数十年间,这个数值逐渐地被降低,直到美国人帕多克(Charles Paddock)于1921年将之降到10.2秒。他的时代没有亲见重大的突破,直到1956年,当他的美国同胞威廉斯(Willie Williams)跑出了10.1秒的成绩。随后,去年,美国短跑选手格林(Maurice Greene)创造了9.79秒的世界纪录。

所有体育项目的纪录都在平稳地进步,这乍看起来可能很像生物进化,但事实远非如此。追溯回冰河世纪,进化可能还在起到塑造我们的作用,那时我们被分割开,形成许多小的隔离的种群,经常性地突然毙命,不仅由于运动方面的缺陷,许多形式的霉运也是个中缘由。一切都改变了。我们现在生活在大规模的、越来越同质化的种群里,任何可能发生的、对运动成绩有价值的生物学突变都会快速地在基因库中扩散，因为作用于其上的选择压力在很久以前就停止了。

　　这并不是说变化不能发生。一个受我们的双足设计之累的物种可能会进化、并且有朝一日跑得跟鸵鸟一样快吗？也许我们在跑步这项任务上依然没有特定的功能，那么选择育种可以助此事完成。然而，即使我们意欲尝试那个荒谬不经的实验——比如说，假使我们仿照竞赛用跑马的谱系繁育人类——这个项目很可能要不间断地持续数百或是数千年。我们并不清楚是什么导致了一代骄马"秘书"（Secretariat）* 和落选之马的不同；但是，如果我们想要胜过"秘书"，我们就要从"秘书"的基因入手。然而，如果我们的确创造出了人类良种，就有充分的理由相信身体上的"改进"最终会停止；尽管采用选择育种，在过去的数百年间里，良种并没有变得更快。为什么良种就理应跟我们不同呢？

　　从遗传学方面看，我们如今和我们千百年来一贯的样子极其相同；在奔跑、投掷、跳跃等类似方面的基本变化在很久以前就完成了，并且发展轨迹和最终的终点在那时也已经设定好了。从生理学角度看，关于奔跑，平均而言我们可能充分地退化了，可以这么说；如果我们在60亿同胞中随机地选取一位，让他和一名适宜在更新世生存的男人或女人赛跑，我们很有可能是输掉的一方。

　　不要去跟约翰逊（Michael Johnson）** 讲这些话。想要理解像他那样的表现，重要的是要承认如下事情：从遗传学、训练和营养学的角度看，一个世界纪录成绩位于正态分布的极其远端。奥运会选手们不代表典型的生理学特质。远远不是。根据我们能想到的每一项参数——肌肉组织的生理系统、酶、激素、骨骼结构、体格、动机和献身忘我的热

---

　　* 出自电影《一代骄马》（Secretariat），讲述了女主与她的爱驹"秘书"创下三冠佳绩的故事。——译者

　　** 美国传奇短跑运动员，曾一度被公认为"世界上跑得最快的人"。——译者

情,世界级别的运动员通常都已经超出了正常的数值范围。此外,所有这些高超的技艺一直都有最好的知识、控制饮食、休息、训练和压力管理在背后支持。在一名奥林匹克运动员身上,越来越多地,我们看到的是一种反常,一个精英的样本,他跟你我都不一样,他专门从事一件事,做到极致——不可避免地,在以牺牲其他事物为代价的情况下。

每一项赛事都已经限定好了技术要求。例如,最好的短跑运动员不需要太强的有氧代谢能力,因为他们依靠的是大量快速收缩的肌肉纤维,也即肌肉纤维快速且无氧地收缩,这就意味着他们不需要氧气来燃烧燃料。同样一批运动员就不能成功地进行长距离奔跑,因为长跑运动员依靠的是强大的有氧代谢能力和更大比例的收缩缓慢的肌肉纤维,也即肌肉纤维收缩速率较慢,但可以运行较长的时间,只要有氧气持续供给。这些特征主要是经由遗传获得的:如果你的肌肉主要由收缩缓慢的肌肉纤维组成,你基本就不会有爆发力。我们也许可以做许多事情去改变我们天生自来的基本设计,但尚且无法达到获取世界一流成绩的地步。

在奥林匹克运动会和世界级别竞赛的早期,运动员们在技能方面可能是更接近大众平均水平的。然而,他们来自整个人群中的一个小型人才库,而这个人才库主要选自特权阶级,或是那些出于某个古怪的原因来参加投掷标枪、跳远、短跑或是马拉松的人。如今情况不同了。首先,人才是被积极主动招募来的:个体被识别、培养、并鼓励去追求他们的梦想,对令人分心的事情到了近乎排它的程度,例如给奶牛挤奶或别的生计问题。第二点,同时也可能是更加重要的现象是:从中挑选人才的人才库已经显著地扩大了范围。1896年第一届现代奥林匹克运动会举办,自那时起,世界人口已经增加了3倍。此外,之前奥林匹克运动会选手只来自欧洲、北美洲和澳大利亚,如今他们也来自亚洲、非洲和南美洲。从统计学上看,单单是由于扩大了样本,个别赛跑者比以往历史上任何个体都快的概率就会增加（同时，比以往历史上任何个体都慢的概率也会增加）。

唯一的真实发生的进化在那些和生物学不直接相关的领域里。在运动体育方面的改良，最显著的因素始终是更先进的科技。跑鞋变得好多了。撑竿跳的竿子发生了变化——从蜡木竿到竹竿、铝制竿，再到玻璃纤维竿，使得此项赛事的高度纪录几乎翻倍。而且当然了，泳装已经经历了一系列的改造，从20世纪初期毛线织的泳裤和上装到迪斯科时代紧身的合成弹力纤维泳衣，再到在悉尼初次亮相的覆盖住全身的泳衣，称作"鲨鱼皮"，它有着波纹状粗糙的表面——很像高尔夫球的表面——来减少阻力。

始终伴随着技术突破的是技能上的变化，例如福斯伯里（Dick Fosbury）那如今已成标准动作的背越式跳高，还有游泳健将伯科夫（David Berkoff）在仰泳中采取的海豚踢。训练方法也得到了进化。德国的格施勒（Woldemar Gerschler）采取间歇训练来帮助他的门徒哈比希（Rudolf Harbig）于1939年在800米赛跑中以1分46.60秒的成绩打破了世界纪录。通过提倡长时、慢速的跑步来锻炼耐力，同时以艰苦的山地训练来增强肌力，新西兰的利迪亚德（Arthur Lydiard）帮助斯内尔（Peter Snell）在1960年和1964年的奥林匹克运动会同一项目中夺得金牌。不列颠的科（Sebastian Coe）在采用格施勒和利迪亚德的训练方法之外还增加了举重训练，他于1981年创下800米赛跑的世界纪录，并保持了16年。

这众多因素使得预测极限几乎成为不可能，然而身体上的极限是存在的。只是在一个世纪的时间内，边际效益递减规律就已经在起作用了；在某些田径赛事中，几十年过去了，运动纪录被推进得也没超过百分之一秒。例如200米赛跑：在1968年，世界纪录达到了19.83秒；1996年约翰逊将世界纪录降至19.32秒——大约28年才进步了半秒钟。

这些都无利于人类的精神层面。我们需要保持欲望。我们坚信：

纪录只会降临到那些相信它有可能实现的人们身上,取得纪录的英雄们通过十足的勇气和努力成就于此。我们是耐力型捕食者,这是我们的核心所在,我们由梦想驱动,被一头羚羊鼓舞着前进,尽管看不见它却知道它就在那里,在前方某处。然而,我们还是继续极力争取,必须相信它是可捕获的——只要我们竭尽全力。

正如北美羚羊那可以跑胜猎豹*——一种猫科动物,早在几万年前就已经在此块大陆上灭绝了——的残存能力,我们奔跑、投掷和跳跃的能力也是我们那求生工具包中剩余的技能。正因为如此,我们在比赛中使用这些技能是因为从本能角度而言它们对我们是重要的。在体育运动方面,我的能力不及羚羊、鸟或奥林匹克运动员,但我挺享受这些技能带来的乐趣,通过对比我与他人的能力,我得到了启示,并能充分利用这些能力。对鸣禽或矶鹬而言极为日常的能力令我感到谦卑,我敬畏于它们能够飞翔难以置信的长距离,往返于地球上某些特定的精确地点,例如一些矶鹬在8.1天之内,能不间断地飞行11 680千米,从阿拉斯加州横跨太平洋,再到新西兰,数月之后再返回栖居之地。

一些人可能会辩驳,如果我是一只鸟,我未必就能享受自己那神奇的每年一次的长途旅程,一路追随着太阳,从极地苔原地带那永久的白昼到阿根廷的大草原,然后再返回。但我认为他们这么想是错的。那些使得长嘴涉水鸟和黑头森莺鸣禽在秋天的一场冷锋之后去南方谋生的因素,从本质上来说,很可能和激励我在温暖和煦的一天在乡村道路上慢跑的因素没什么不同。我们都是在回应着古老的欲望。就我们而言,这证明了我们对于追逐的最原初的热情是不可能扑灭的。

(在我为《户外》(Outside)杂志写了这篇文章之后,一些运动员使用提高体育成绩药物之事被揭露了。在此我的意图始终是仅仅依照被接受的标准和公平竞争来谈及体育成绩。)

---

* 此处可能指北美猎豹,现已灭绝,生活在更新世的北美洲。——译者

第五篇

生存策略

同步：放大信号

《博物学》,2016年9月

　　某个春日黎明,我于曙色微露时醒来,听见一只火鸡咯咯地叫着,声音响亮且清晰。它离我很近。我看向窗外,瞧见两只雄性火鸡并排悠闲地走。它们的头高高地扬着,每走几步它们就再叫几声。一只火鸡已然抖松了它背部的羽毛。每一只都生有典型的下垂的肉裾。一只火鸡赤裸的头顶生有白色皮肤。不到一分钟,它们两个都走到我窗户正下方,在那里,一只火鸡突然开始充分地展示它的雄性求偶行为,翅膀下垂,尾羽展开,呈一副巨扇。它只在"咯咯"叫声的间隙呈现那夸张的求偶行为。当这两只雄性火鸡走近,我更加能看清楚它们的喉部,并注意到它们的"咯咯"叫声有着分毫不差的一致性。我试图去看清楚是哪一只带头发出声音,然而它们的喉部运动完全地同步,让我难以断定哪只先发其声。

　　随后一只光彩熠熠的雌性火鸡横穿过空地,向着我的鸟儿喂食器踱去。当它在离那两只雄性火鸡大约10米之处淡然地走过时,它似乎没怎么注意那两只雄性火鸡。雄性火鸡站定,抖松了羽毛,高昂着它们的头,夸耀着它们那色彩明亮、充血般涨红了的脸,同时那蓝色的肉垂悬着,覆盖着它们的喙。过了一会儿,体形较大、白色秃头顶的那只雄性火鸡再次展示了尾巴似扇、翅膀下垂的求偶行为,但是伴有额外的夸张动作——短暂的身体颤动。然后它开始缓慢地踱着步子,那样子使人觉得它是在移动,而不是在走。第二只雄性火鸡仅仅是抖开它的羽毛。

几分钟后,雌性火鸡停止进食葵花籽,抬起头,环顾四周。接着它悠闲地向回走,穿过空地,走进了森林。那两只雄性火鸡神气十足,一直目送着雌性火鸡走出视野之外,然后便开始悄无声息地跟随着它。体形较小的雄性火鸡在领路,同时体形较大、且更占主导地位的那只跟在后面,不时地抖松羽毛,展开它的尾羽。看上去好像是这两只雄性火鸡在合作,来一场有企图的引诱。我本想知道故事余下的部分会如何,但没有更多可看的了,这件事很快就似乎成了曾经经历过的奇事一桩。

接下来的那周,仅有一只雌性火鸡继续到喂食器这里来。大约两周后,我瞧见一只雌性火鸡前来,但这一次,一只体形硕大的雄性火鸡偷偷地尾随其后,距离其大约20米。雄性火鸡的流苏长得拖到了地面,头顶不是非常白,而是一种白垩土色。它眼周的脸部呈亮蓝色。肥胖松软的亮绯红色皮肤从脖子上垂下来。它那绿铜色的闪亮的后背,驼色的翅膀,还有土地般棕色的尾巴,好一副盛装打扮。每隔几秒,它就展示那引人注目的求偶行为:抖松羽毛,像打开扇子般展开尾羽。雌性火鸡必然知道它正紧跟其后。雄性火鸡可能都无需发出咯咯之声,所以它保持沉默。雌性火鸡没有流露出注意到雄性火鸡的迹象。另一方面,在雌性火鸡离开之前,当它啄着地面时,雄性火鸡依然在关注着它。次年春天,我观察到另一只独自行动的雄性火鸡尾随着一只雌性火鸡,在其身后保持着大约20米的距离,不时地展示下求偶行为。同样,雌性火鸡都没有回头看一眼。

接连很多个春季,雄性火鸡经常地光顾我们的喂食器。它们有时独自前来,也有两只或三只一同前来。它们静静地进食然后离开。一些雄性火鸡时常发出咯咯的叫声,但通常都是在人们的视线之外,位于空地周边的森林里。我很少见到求偶行为,也没见到它们和雌性火鸡间的互动,除了那一次:两只雄性火鸡再次对一只雌性火鸡表现出了兴趣。当它们跟着那只雌性火鸡时,雌性火鸡停在它们前方几英尺处,在某个地点抖松了羽毛。在它们消失在森林深处之前,雄性火鸡只是咯咯地叫过两次,短暂地展开过尾羽求偶。翌日,有四只雄性火鸡一道在闲逛,视线之内没发现有雌性火鸡。它们都没有咯咯地叫,也没有火鸡做出任何求偶的动作。

我视这两只同步的雄性火鸡为一个反常的事情,如果其中的一只将另一只推开或赶走,我很可能都不会再看多一眼,因为那正如我所预期的。整个春天,所有其他生活在林地的雄性鸟类发出信号,并维持它们各自独立的身份。每夜,一只孤独的山鹬在空地上方飞翔。一只松鸡在森林某处发出敲打的声音,使得第二只松鸡远离躲避。雄性啄木鸟敲击出一种节拍,同时另一只在附近的领地里有所回应。每一只鸣禽都有它的鸣唱,来宣告自己的存在,以此维护它独占的那片领地。

然而,在缅因州森林里,位于我家门外,动物同步发声的情况并非不常见。春天,在我们那块春季水塘里,林蛙制造出一片喧闹。这一年,水塘里有大约300个卵块,这就意味着几天之内大约有300只雌性林蛙曾到过水塘——就在冰雪消融之后——同时很可能也来过相似数目的雄性林蛙。雄性林蛙通常在水塘表面分散开来,彼此间隔大约10厘米,蛙儿鸣叫的声波在它们周围激起层层涟漪。有时,它们很安静。随后一只林蛙就会带头唱起来,大约一分钟,嘈杂之声便重新响起,原本藏在水塘底枯叶下的林蛙一只接着另一只返回水面,加入合唱中来。为了检测它们是否在同步地表现求偶行为,我录下它们的歌声,然后在寂静的时段回放给它们听。回放录音总是使得蛙儿们返回水面,继续在同一时刻合唱,虽然并不完全一致。

在别处,我已经观察到牛蛙有不同类型的同步行为。在佛蒙特州7

月那些温暖的夜晚,在一大片湿地的边缘,牛蛙们"众蛙喧哗"。和其他本地产的蛙类不同(包括林蛙),整片湿地里的牛蛙确实是完全协调一致地在鸣唱,但仅唱了几秒钟,紧接着便是几秒钟的寂静,然后跟着又是同样时长的高声喧哗。这样有规则循环的模式持续了几个小时,给人一种印象:整个湿地都有其自己稳定的节奏。令人惊叹的不只是鸣唱的音量,还有它那不变的规律性。

声音的同步性不仅限于鸟类和两栖类动物。在北方森林里,整个冬季,草原狼都会举办夜间合唱音乐会。在一个寒冷、死气沉沉又鸦雀无声的夜晚,一匹草原狼以一声哀鸣般的嚎叫为表演拉开序幕,很快,另一匹草原狼加入进来,然后高亢的吠叫和许多其他声音融进来,生成了悦耳的和声。和声持续大约一分钟,减低变弱至一两声狼吠,随后便再次迎来夜晚的沉寂。这些音乐会类似于灰狼那更加低沉哀婉、然而又强有力的合唱。相似地,家犬在听到一个偶然路过的汽笛声,或是如果有人以某种乐器——例如口琴——起个头,它们就会跟着吠起来。同步嚎叫的功能不是很明确:也许这种同步性的意义在于传递信息、表达情绪或者两者兼备。嚎叫会建立或是发送信号给其他个体传递团体精神,这可能出自多种进化的原因,例如领域性。*

世界各地的哺乳动物都是最吵闹的物种,许多哺乳动物会同步地歌唱。长臂猿被视为灵长目中的鸣禽。一些物种的祖先雄性和雌性有着不同的唱法,会产生二重奏,由此进化而来的物种可能会独唱。一对雄性和雌性演唱的和谐的二重奏,再融入它们后代的声音,标志着它们领地的界限。合趾猿的叫声穿过茂密的森林,在远至2英里处都可听见。它们被认为是地球上最大声的陆地哺乳动物。我想到的其他很吵闹的灵长目动物还有生活在中美洲的吼猿、非洲的黑白疣猴,以及马达加斯加的大狐猴。后者生活在很小的社群里,每日在一起歌唱几次。

---

* 领域性指动物用不同方法标定和保护自己生存空间的现象。——译者

座头鲸在水中长距离行驶,它们那同步发出的声音在一个组和另一个组之间有所不同,并随着时间发生改变。而且,它们的歌声很可能是领地的标志,和大多数鸟类一样,也可能具有繁殖的功能。

任何物种的合唱都强化了群组的声音,可能是为了迎头赶上和其他有同样行为的群组之间不断升级的竞争水平。一些个体使用其他办法来增加声音强度。啄木鸟和黑猩猩在求偶时制造噪音来吸引注意力和提升社会地位,它们要敲击物体。一只雄性黄腹吸汁啄木鸟在我们空地上敲击,不仅声音大,还带有复杂的节奏。它寻找合适的工具来用,弹拨着测试的物体——树枝、烟囱管、我屋外厕所旁边的干木板,或是一棵中空的苹果树外包裹着的金属凸缘——为着能发出最大声响和最高音调。在选定"乐器"之后,在繁殖季节伊始,它每日几乎只使用这件"乐器"。

无论是通过音量、演奏技巧、精确度或是独创性,交流都可以提升影响力。然而影响力可以分为不同的类别。在大多数鸟类中,能成功找到食物传达的是一种保卫领地的能力,此二者都暗指与潜在的配偶结成伙伴关系来抚育后代的适宜性。对于在春季池塘中的雄性林蛙而言,更高音量的信号扩大了能够吸引到雌性林蛙的范围。在繁殖地点高度局域化且分布分散的地方(蛙类经常返回它们出生的那种没有鱼类的小池塘进行交配和产卵),提高音量为远系繁殖带来机会。单独一只雄性林蛙发出的微弱信号只能吸引到局部区域内的雌性林蛙,故会维持较高的近系繁殖率,找到合适配偶的机会较少。

然而,通过与其他个体合作获得提升了的影响力会被愈发激烈的个体对个体间的竞争抵消掉。草原榛鸡、松鸡、流苏鹬等物种以集结成群出名,它们聚集的场所叫作求偶场(lek),在那里雌性会在雄性个体间作比较,也就是说,这样它们保证会有选择的余地。任何有望被选中的雄性都必须加入求偶场,以得到交配的可能;然而,一旦置身于求偶场,其他选择压力——尤其是雌性的偏好——就会对每一个雄性个体起作用。

正如在一群同栖的鸟儿身上发生的,与其他个体合作的优势不仅在于可以维护集体的影响力,也为传递获取食物和安全问题的信息提供便利。在灵长目、犬科动物以及一些昆虫那里,集体信号可能会定义及维持劳动分工。集体信号并不需要靠声音来传递。它只需要激活感觉系统,且特别针对设定群组就可以了。对处在一片漆黑中的昆虫群落而言,群组同一性依靠共同的气味来维持。信号的差异可区分个体间的职别,即从事不同的任务。

在萤火虫[萤科甲虫(lampyrid beetle)]中,每种甲虫的雄性通过特有样式的闪光来传达它们的物种身份,接受方的雌性甲虫以它们自己样式的闪光来回应。在东南亚,一些种的萤科甲虫的雄性现在已被记录到同步发出荧光的行为,有时候可以点亮整棵树。这种行为在北美稀罕得多,然而在大雾山国家公园,当地19种萤科甲虫中有一种闪电萤火虫(*Photinus carolinus*)的雄性也会同步发出荧光(大约每秒发光6次)。许多雄性的合作也许会对雌性生成足够的刺激,也会与很多同时活跃着的其他物种区别开来。但是我怀疑事实不止如此—— 一些食肉萤科甲虫的雌性个体会对其他种的雄性的信号有所回应,目的不在于交配,而是捕捉并吃掉雄性个体。雄性去接近一个雌性集体可能是需要策略的,因为某一雌性个体很可能是位"致命女郎"——它在模拟一位潜在的配偶。但在一个同步发出荧光的雄性群体里,至少对方确实是真正可交配之物种的概率会比较大。

毋庸置疑,在人类中,同步行为也是常见的。探究其他物种身上的此种行为有助于我们思考自身行为的一些可能的功能。

刚过去这个7月的某个夜晚,在缅因州西部的韦尔德小镇上,将近150人——几乎是小镇人口的三分之一——在市镇大厅出席了小镇

200周年庆祝活动。人们混杂在一处,大约有15位小提琴手被围挤在台上。然后有两对小提琴手向前出列。每对琴手那里有一把小提琴。一对琴手还配有一架钢琴和一把手风琴,另一对琴手有一把吉他。两位琴手的弓弦分毫不差地同时拉起来——不仅是来回地拉,还垂直着拉——长时间且节奏紧凑的即兴重复段落。他们的演出搭档凭借着完全不同的乐器以及它们的声响同步附和着。人群也以拍手和跺脚加入一场音乐同步中来。最后,所有人都站了起来。

在这个7月,几乎就是在相同的时刻,位于800多英里以外,一场国民政治集会正在举行。当其中一位演讲者在模拟对政敌的起诉,并邀请听众们进行裁决时,人群开始作出集体的响应,以一种在语气上可能凌驾于大多数参与者将以个人身份讲出的话语之上的话语。由于潜在的竞争,人群达成了一致。

同步性释放出一个强有力的信号。群组同一性以许多种复杂的方式展现出来,一些直接有助于繁殖,另一些则可能会提高竞争力,得以与其他群组或个体争夺领地和资源。对人类而言,我们在各种情景中都可见同步性,从体育运动到政治、种族歧视和战争……再到一个小镇庆祝它的200岁生日。

蜜蜂和花儿所知道的

《纽约时报》,1974年2月21日

　　达尔文的自然选择理论"适者生存"一直被一些人解读为:生命是一场混乱的争斗,在此"适"就等同于借以牙齿和爪子来攻击,以及获得一个立竿见影之优势的能力——似乎这就是一条自然法则,也许有价值,而且应当被遵守。

　　然而,这些都不是"适者生存"的真正含义。它涉及竞争及合作的结果,其中主要的结果是已经进化出相互依赖的有机体的适应性改变。相互依赖不仅在个体之间进化,也在物种之间进化。相互依赖得以进化,因为它赋予参与者们**共同的**利益,就好像是人们玩的"博弈游戏"。

　　在一场博弈游戏中,双方都想以一些象征的或实际的收益、利润来增加他们的利益。从长远来说,为了博弈双方都获得最大的利益或利润,参与者有必要遵守一套规则。这些规则制定了要求,并且限制彼此牺牲对方来攫取无限的利益增加。若没有强制的或彼此都接受的规则,在个体之间、职员和雇主之间、大型企业和政府之间、不同政府之间的博弈就不能长久地进行下去,而且博弈双方都会输。

　　对单一"行动"偶然观察所得的博弈双方互动的本质通常都不明

显,只能站在时间这个角度来观察。

狼和它所捕食的北美驯鹿之间的互动就是一个长期博弈的例子。狼的博弈就是要捕捉北美驯鹿,而不是捕捉整个鹿群。

北美驯鹿的博弈就是要躲避狼群。然而,如果北美驯鹿太过"成功",它们可能就会吃光它们的食物供给,破坏它们的生境。

狼和北美驯鹿之间的博弈在一定界限内运行,和其他博弈一样,该界限也会进化,因此在任何时候没有哪一方会享有全部的优势或全部的劣势。如果没有受到干扰,这场博弈显然是一场成功的博弈。在北极,狼群跟在大群的北美驯鹿旁侧一路小跑业已千年。

在许多博弈中,参与者在本质上是一种可再生资源。蜜蜂和花朵间的博弈就是另一个例子。和狼类似,蜜蜂的博弈是为了在觅食中获取报酬。如果蜜蜂太过于成功,它们耗尽了所有的花蜜,它们就会挨饿,同时它们的种群数量就必然会稳定或下降。花朵的博弈是提供食物回报,但又不能多到让蜜蜂在一株植物上就获得了满足,这样它们才会访问许多花朵并为之传粉。结果就是,以花朵提供的食物(糖和花粉)为生的昆虫经常陷入"能量危机"。

有机体之间的相互依赖很少包括一方对另一方独有的支配控制。长远看来,为了双方都获得最大的利益,在任何时候任何一方都不能完全剥削对方,这是必要的。在这场关系中,每一方都要承担一定量的"成本"。成本通常可以延期支付,但绝不会抹零,因为这么做会破坏博弈。

人类曾经是一种捕食者,他的博弈跟狼对北美驯鹿的博弈曾经很相似。然而,人类在博弈中并不遵守规则,在欧亚大陆和北美,他杀死了大多数的大型动物。某种程度上,他能这么做是因为他利用了一位参与者:即驯养的植物(谷类植物)。这个结盟给了人类立竿见影的优势。这些优势起初容许、最终强迫他放弃了与动物的博弈,除非基于消遣娱乐。规则被打破了,他的优势变得过于强大,博弈不复存在了。

我们的福利很大程度上取决于驯养的动物和植物,同时我们现在的博弈更像是蜜蜂和花朵之间的博弈。跟它们一样,大多数驯养生物长期以来在和人类博弈,且已经变得和我们相互依赖,没有我们的帮助,植物就不能繁殖。

目前为止,它们的策略和我们的策略都很有效。我们数量越多,就会栽种越多的谷物、饲养越多的鸡。就自然选择而言,这再合适不过了。然而,如果谷物和鸡支持了太多的人类,我们又坚持想要持续增长,那么博弈规则就开始逐步遭到破坏。我们可能会发现没有足够的空间了,因为我们已经耗尽空间来安插其他参与者。

与外部势力的结盟轻易就会破坏这场博弈,因为它带来的暂时优势可以、并且通常会除掉一方参与者。就我们自身当下的生存而言,这是被允许的——只要新的参与者靠得住。但是,如今我们博弈的对象是石油、天然气以及煤炭,这些是已经灭绝的生物遗留的不可再生的碎片。

如果这场博弈我们玩得太过火,无可避免地,博弈将逐渐走向终结,也许还会结束得很突然。无限增长和过度开采迟早会迎来瓦解崩溃,尤其当资源不可再生时。增长越快,最终的崩溃越激烈。生命间博弈最适宜的状况必然涉及成本。我们可以拖延支付,却不是无限期地推迟。

奇妙的黄色：浅析鸢尾花的行为

《博物学》，2015年5月

"植物行为"在措辞上看似是自相矛盾的。动物能对环境刺激快速作出反应，它们经由动作作出的反应符合行为的定义。通常来说，植物的反应非常缓慢，我们甚至都不会留意，尽管也有为人熟知的例外，比如捕蝇草（Venus flytrap），它们会关闭叶片捕捉昆虫，还有含羞草（Mimosa pudica），当一个潜在的捕食者靠近时，它们的叶片就收缩起来。植物扎根于适当的位置，这也限制了它们的反应。然而，许多植物已经进化得可以招募动物——尤其是昆虫、鸟类和蝙蝠——来协助它们，最有名的便是授粉和散播种子。

和动物交配的博弈一样，大多数植物物种为了授粉得以发生，每个植株个体都必须设法令自己的花粉进入到同种植物另一植株的繁殖器官内，同时反过来收到这样的花粉。动物授粉者需要被奖励才会做这份工作，奖励一般就是食物。奖励必须充足，但又不能过于慷慨。奖励必须足够多，可以吸引授粉者一直寻找同种植物的其他花朵，但在某种程度上又要不足，否则授粉者就会以某一株植物作为固定的食物供应者，不会继续去为另一植株授粉了（同时也不会将花粉从其他植株带回）。

对每株植物个体而言,授粉者在食物回报和其植物花朵类型之间建立关联也至关重要——而不是在其他物种的花上擦掉所有的花粉。花朵颜色、形状和气味这些特征为每一个植物物种提供了突出的身份标签,确保得到奖励的授粉者倾向于对花朵保持忠诚。结果便是,植物物种已经争相将自己与它者区别开来,它们花朵之间的差异进化得越来越大。简言之,通过将它们繁殖中**行为**的那部分移交给动物,植物已经进化出求偶行为,有些可以媲美鸟类的求偶行为。

花卉艺术中一个很平常(然而很漂亮)的例子是蓝旗鸢尾(*Iris versicolor*),这种植物广泛分布于新英格兰的湿地。自从许多年前我研究蓝旗鸢尾借由熊蜂授粉,它就成了我最喜爱的花卉。这种生有长舌头的蜜蜂是主要的授粉者,它们的奖励是花蜜。我拍摄了它们与花朵亲密拥抱时的漂亮照片。另外一种观赏性的鸢尾是吉尔德鸢尾(*Iris atrofusca*),一种颜色呈浓厚黑色的鸢尾,发现于犹大沙漠和附近干旱贫瘠的地方。我的以色列朋友兼同事、进化生态学家舒米达向我介绍了这种鸢尾。这个物种由独居蜜蜂授粉,独居蜜蜂将花朵作为过夜的窝。初升的太阳使花朵变暖,这样躲藏在花朵里面的蜜蜂就活跃起来,充满生机地开始它们的一天,去访问其他花朵。这个奖励足够了! 同时植物可能由于不生成花蜜而获得水分平衡。相反,我那生活在北方的熊蜂则需要糖作为发颤和保暖的燃料。

黄旗鸢尾,或称黄菖蒲(*I. pseudocorus*),原产地在欧洲、西亚和西北非,跟北美产的蓝旗鸢尾一样,黄旗鸢尾也长在湿地。令我十分惊奇也很欣喜的是,我发现了一株开花的黄旗鸢尾,地点恰好沿着大西洋海岸线,位于星岛之上,在新罕布什尔州和缅因州接壤处。我无法抗拒地采擷了一条它的根,并将之移栽。现在,一株茂盛的黄旗鸢尾长在我缅因州的营地里,2014年夏天它在我的"淋浴器"(一只挂在糖槭树上的园艺喷水壶)底下开出了绚烂的花朵。我在这个营地花了数日观察养在邻

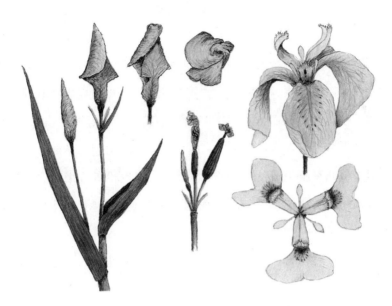

图5.1　手绘黄旗鸢尾的花芽(左图),和由花芽到"立即"花开的步骤

近鸟舍里的双色燕子的筑巢行为。

　　日复一日,周复一周,我观察着燕子从它们的鸟舍飞进飞出,不禁就注意到了那株长在我休息处旁边的黄旗鸢尾。它总是生着一个或多个大的花芽,只有一朵或多朵绽放着的花朵,以及越来越多的卷曲着的、不再新鲜的花朵,还有种荚。然而,说来稀奇,似乎还从没见过一个正在向花朵过渡的花芽!

　　有些事情不太合理——直到某天,当我朝下一瞥就注意到一个花芽,随后,差不多就在下一个时刻,我又瞄了一眼,看见一朵完全绽放的花取代了花芽。这不可能是魔术。为了查明发生了什么,我随后就开始更加密切地监测这些花,当其他花芽绽开时不离左右,为了详细分析我还构建了一个工作模型——关于花芽是如何移动它的组成部分,一瞬间就将自己转变成一朵完全绽放的花的。

　　在所有的鸢尾物种中,典型的花可分成三等份。每一等份都生有一大片弯曲下垂的花瓣,称为"垂瓣(外花被片)";一片直立且通常是几乎同样显眼的花瓣,叫作"旗瓣(内花被片)";一枚雄蕊(花朵的雄性结构)以及一枚雌蕊(花朵的雌性结构)。垂瓣生有一个极度扩展的、垂下来的唇状物以及斑纹,功能是作为"花蜜向导",帮助授粉者找到通往一个管状腔室的路径,在那里它们可以得到花蜜。管状腔室的顶端由雌蕊的花柱形成。在大多数花朵中,花柱只是简单的杆状,然而在鸢尾花里,花柱平展,侧面有凸缘。花柱生有柱头,当授粉者进来时这里接受花粉。当授粉者通过时,柱头也会采集来自花药的花粉,花药位于花柱下方。

相对于鸢尾花的花朵,它的花芽是尖刺状的,花朵的三层结构全都紧紧地卷在一起,包在里面。

我注意到当花芽发育时,支持着花芽的花梗长度会变长。因此花芽就要高于前一天还围其左右的两枚苞片。随后,在花朵开放前几个小时,花芽在基部附近会膨大。俯视观之,可见三枚外花被片,即垂瓣卷曲成涡状形,在近它们的末端处互相缠绕着。当花开的时候,花芽打开也就用个大约一秒钟,三片垂瓣突然向侧面、向下打开,几乎全部伸展,只留三片旗瓣向上直立。

花朵保持新鲜可达两天,那之后三片垂瓣又彼此缠绕成一圈,接着就萎缩了。子房生长,而花瓣的残余部分变干并脱落了。蓝旗鸢尾大体上遵照相同的模式,但缺少"瞬间"快速开花这个行为。

花朵张开、关闭以及其他植物运动的机理,例如含羞草叶片的运动,涉及不同细胞区室体积的变化,水分由于渗透作用进入或流出,引起细胞区室扩大或缩小。渗透作用部分地取决于多糖转化成糖后对糖的吸收。然而,生长和渗透压力的改变均是渐变的过程,都不能解释黄旗鸢尾**突然**运动的机理。花瓣突然展开需要之前储存的能量,紧跟着一个引发机制使能量释放,也许跟许多植物强力弹出种子的方式是类似的。例如,常见的卡佩凤仙花(*Impatiens capensis*)能将种子从它的种子荚中弹出几码远。

释放存储能量引发的突然运动在节肢动物中是很常见的,包括螳螂虾(口足目)、蝇虎以及跳跃昆虫,例如跳蚤、跳甲、叶蝉和弹尾虫(还有能向后翻转的叩头虫)。缓慢的肌肉收缩将能量储存在一个机械弹簧里,然后由一个类似于弩的发动机制释放能量。需要一个保持机制来存储能量。在黄旗鸢尾的例子中,折叠起来的花芽很明显是由垂瓣固定在适当的位置上,垂瓣在近它们的末端处彼此缠绕在一起。这个稳定的状态保持着,直到累积了足够的力量来释放垂瓣;当垂瓣开始从彼此表面慢慢滑落,它们便一路打开。这个立即绽放的行为是如何完成的呢,这可能是一个对授粉的适应性改变吗?考虑到鸢尾花在授粉者的选择压力下进化,它的主要授粉者是熊蜂,很有必要探究一下花朵是如何建构以吸引熊蜂并利用它们的。

每朵花的垂瓣在其基部都有两条蜜腺,每条蜜腺产花蜜可达2微升(即2升的百万分之一),这不足以供一只大蜜蜂吃饱,但可能也足够激励它去寻找同物种的另一朵花了。然而,也不是每一只蜜蜂都有着相似的反应。一只缺乏经验、刚开启觅食生涯的蜜蜂几乎会采集它所接触到的任何花朵。为了使它只"皈依"某一种花(以及和这株植物相关联的生境),非常重要的是,它遇见的**第一批**花能提供高的食物奖励。接着,当它从其他花朵转向"皈依"此花之后,在某种程度上,它能够继续有所期待。另一个角度看,如果它经常在这些地点遭遇某个物种的空花,过了一会,它就会习得避开它们,而转去拜访其他物种的花朵。

也许黄旗鸢尾的祖先变得广泛分布于极度斑块化的生境,例如分散的湿地,在那里难以异花授粉。在那种情况下,关键是不能让慕名而来的蜜蜂感到失望,一个增加授粉概率的办法就是确保花朵不会在食物回报确定准备好之前传达信号,这样蜜蜂不会马上就遭遇空的、没有奖励的花朵。

当我把这些话讲给我一个朋友听时,她立即答道:"这就像是一个庭院售物或财产拍卖——你在那里张贴了一个巨大的告示,引起了极高的期待。可是你却不能在**所有**物品搬出来前张贴告示。"诚如她所言,最积极的顾客们试图最先抵达那里,抢在他人之前蜂拥而进。但是,如果只有很少的物品摆出来,而且他们也没发现想要的东西,他们就会离开——你就失去了他们。

一株鸢尾花面临的情况也是如此。尽管花芽本身就是一个潜在的大型、华丽的告示,一只蜜蜂也不可能会将之与真正的告示——盛开的鲜花,有指引蜜糖的路标——相混淆。然而,如果花瓣打开得很缓慢,那它就好像是在货品可以买到之前张贴出告示。经验不足的蜜蜂顾客远远地就会被吸引,瞧一瞧,当发现没有花蜜的指示路标,也没有告示指引"门"在哪里时,它们就会离开,再也不会留意那个告示了。

正如其他鸢尾属物种,生在湖河沿岸的单株黄旗鸢尾依然要借助根茎——水平的地下茎——繁殖(或生长),长成一些实际上是无性繁殖系的斑块。一个无性繁殖系斑块会使得异花授粉更加困难,因为当蜜蜂找到一处适宜的花的斑块时,它们趋于待在那里。然而,黄旗鸢尾仍然对有性繁殖留有选择的机会*。自花传粉生成种子可以给予植物一些优势。但是长期来说,"自花授粉"是进化上的死胡同,因为在自然界,变化才是稳定的。

---

*接下来,通过对未绽开的花芽进行外科手术,我证实了本文中提出的鸢尾花开的机理,但是适应性意义还有待思索。

缠绕和扭转

《博物学》，2015年11月

　　我研究鸢尾花，因为一个偶然的观察使我对之入了迷：不过几分之一秒，一枚鸢尾花芽就变成了一朵巨大、复杂且艳丽的花。花瓣紧握着，因为它们彼此缠绕在一起，这必须要储存能量，好在花芽绽开时令花瓣最终向外翻转。最初，我以为缠绕的方向似乎是无足轻重的。然而，从我所绘制的一系列素描中，我注意到花瓣是向着逆时针方向展开的。看上去挺奇怪的。现在，缠绕方向引起了我的注意。我在我小木屋旁边那一小块花田里清点数目，既然方向可能对机械的可操作性没什么影响，我希望能看见大致相同数量的顺时针缠绕和逆时针缠绕。可是，在我检查的26枚花芽中，每一个的花瓣缠绕都是朝着同样的方向：逆时针！花儿们是怎样"知道"如何总是向左转的？原因何在呢？

　　黄旗鸢尾有一整套始终不变的特征——例如三片旗瓣和三片垂瓣通常都呈黄色——然而这些都是预期的适应性改变。在花开的瞬间，当花芽缠绕的特点消失时，花芽旋向性——对于授粉、熊蜂或是任何其他事物会有什么可能的价值或差异呢？缠绕方向的一致性不可能是一个随机问题，也不像是一种适应性改变。

　　生物学在很大程度上是历史学，这是它不同于物理和化学之处。

为了以历史学的角度来思考任何特定的生物学模式,需要了解此种现象是否还会在别处找到,然后要问,在与某个近缘物种共有或不同的诸多环境因素中,是否该模式和某个环境因素有所关联。东方鸢尾(*Iris sanguina*)原产于亚洲,眼下就在我的院子里,长在许多株本土生的蓝旗鸢尾旁边。这两种鸢尾我都检查了,分别取样23枚和15枚花芽。这两种鸢尾花的检查结果是相同的:花芽缠绕的方向百分之百是逆时针,表明这个奇怪的特征也许可以追溯到鸢尾花的祖先。为了审视这个特征是否可以追溯到更远的祖先,和其他植物物种做比较也是必要的。

沿着我们的花园篱笆立有竿子,上面生着红花菜豆(*Phaseolus coccineus*),在我们田地里有常见的圆叶牵牛(*Ipomoea purpurea*),这两种植物都生有蔓藤。一条藤本植物有四个选择:出于对基底某些特点的反应向着顺时针盘旋,逆时针盘旋,往上爬,或是乱糟糟地缠绕着。只有这样的缠绕才具有适应功能,且正如所期待的,我检查过的16株红花菜豆一路缠绕着它们遇到的每一件东西向上爬——篱笆、草茎、灌木、一枝黄花以及它们彼此——然而,全部都是逆时针方向缠绕。缠绕的信号是碰触;当生长着的藤蔓尖端不受阻挡时,它们就向着直线前进。在我取样的70株圆叶牵牛中,无一例外也都向着逆时针方向缠绕。另一处在花园旁,50株欧白英(*Solanum dulcamara*)也被证明一律向着逆时针方向旋转。

缠绕方向大概是一个无关利害的遗传性质,可它在236株来自四种不同植物科——鸢尾科(Iridaceae)、豆科(Fabaceae)、旋花科(Convolvulaceae)和茄科(Solanaceae)——的个体上是一致的,这似乎有点奇怪,除非它们有着一个更古老的共同祖先。然而,为什么那个祖先会具备**如此**特征,而且后代也保留了该特征呢? 在所有这些植物科属中,缠绕至少还有一个功能,即使缠绕方向——我的兴趣点——不重要。对第一种植物物种而言,功能恰好就是花芽绽开,而对于其他三种植物来说,功能是支持它们向光攀爬。

不管怎样,树木是它们自己的支柱。它们应该没有理由做缠绕吧——但我还是决定去查看一番。

我注意到我小木屋墙壁和天花板上的干燥原木中有裂缝。裂缝沿着原木的长度分布,有时会倾斜。我计算了一下:48根原木没有呈倾斜的裂缝,27条原木有呈倾斜的裂缝,它们向着逆时针方向倾斜,只有一条向着顺时针方向倾斜。树木用它们自己的树干向着阳光托举起它树枝上的叶片。然而,它们依然向着同样的方向缠绕,仿佛那就是它们基本构造的一部分。

为什么有些事物看上去无足轻重却变得根深蒂固呢,例如缠绕的方向?当我用谷歌搜索"植物中的定向运动"时,我了解到由于"科里奥利效应",攀缘的藤本植物逆时针运动被认为是北半球独有的。如果是这样,那么,在南半球就应该是顺时针缠绕。

然而,科里奥利效应的理念被证明是无根据的观念,显然只是作为一个理论解释被创造出来。2007年,就职于澳大利亚凯恩斯的詹姆斯·库克大学的爱德华兹(Will Edwards)和与他共事的研究者们断定:从全球范围看,植物缠绕的方向既不受地区影响,也不受纬度影响。那么,我的植物当然都生长在同样的纬度,且有着同样的缠绕方向。然后我读到了斯托拉日(Maria Stolarz)的著作,她来自波兰卢布林的居里夫人大学,研究关于在光照、温度和其他因子的影响下,植物旋转运动的生理学、细胞和分子基础。然而,她并没有涉及缠绕的方向。诚然,环境的作用很强大。正如我提及的,在我所检查过的藤本植物中,只有触碰到垂直的物体时,作为回应,旋转才会发生;否则,生长轨迹是直线的。

我们可以假设最早期的植物不过是由一个共同的起源随机生成了某个特定的缠绕方向。然而,如果这没有引起它们适合度上的任何区别,从进化的角度看,逻辑上的结论便是有些不需要的东西,例如缠绕的特定方向,就终将会被抛弃。长远而言,只有有益的特征才会被保留。证据还挺充足:逆时针缠绕没有被废除。它很普遍且突出地显示着。因此,如果这个特征是随机而生,它现在就不会存在了。然而,就右旋和左旋本身对比而言,看上去没有什么明显的选择优势。除了作用于植物上的自然选择,似乎还有别的事物在起作用来维持缠绕方向! 我认为,我们必须要回顾一下生命结构的历史和化学基础。

在遗传信息读取的过程中,DNA双链打开,以其中一条链为模板按照一个方向合成信使RNA。然而,看似奇妙的是,DNA分子并不完全像一条拉链。相反,它是一个螺旋。并且,DNA双螺旋据说是向逆时针方向缠绕的(但是经常声称绘制出现错误),RNA(通常是单链)结晶时也是向逆时针方向缠绕。在我们和植物的蛋白质中,20种氨基酸全部都是左旋,这个事实令人质疑。为什么是**左**旋呢? 这些全被当作证据来支持那个观点:地球上所有的生命体都源自一个共同的祖先。这么说有点道理。

然而,据我所知,在植物缠绕方向和氨基酸旋向之间并没有已为人知的联系。可能会有联系吗?

人类使用左手或右手的习惯,以及一条藤本植物逆时针方向缠绕,都至少受到遗传基因的影响,即使不是被遗传基因所控制。然而,至今没有识别出控制缠绕方向的基因。因此,在默认情况下,我们将缠绕解释为由多基因控制的。倘若不是由多基因控制,与基因无关,而是生物分子的本质偏向某些分子的**一致**镜像,而这些分子是顺利操作生化机械所必需的,然后会对整个生物组织的构造、功能和繁殖产生影响,又会如何呢? 就好像规格一致而非长短不齐的砖块有助于建筑构造,又比如蜗牛的壳都向着同样的方向旋转,因为旋向奇特的个体不能交配。也许我们的分子结构单元要与特定的结构方向匹配,以获得最佳生长和功能。

这个观点并非意味着偶然事件和历史在缠绕的进化上没有起到作用。在生命最初的分子中，也许不过就是分子链中的一种缠绕——任何缠绕——由于生物力学上的优势受到青睐。它可能提供了反应动量，并提高了效率——特别地，如果在某个特定的缠绕方向上出现了一致性，进而转化为被生成中的氨基酸链所接受的氨基酸在旋向上的偏向。实验也许可以证明什么，但是我们现在拥有的DNA就是我们所要延续下去的全部。我们没有任何一条DNA具有相反的缠绕方向，并以之检测构造有机体所需的其余向相反方向缠绕的分子。

每当我们"制造"DNA时，我们是在复制**现有的**DNA链——我们复制着一段34亿年前的正本。据我所知，我们还不能使人造的DNA和RNA分子向着相反方向缠绕，然后给它们右旋和左旋的氨基酸供其选择，以检验合成的蛋白质是否会优先地合并向着某一方向或是另一方向的氨基酸。如果我们接下来将新的蛋白质植入一株鸢尾或是一条藤本植物，我们将会全神贯注地观察，检查是否缠绕会变成相反的方向。

我们由数十亿这样的分子组成，它们全都朝着同一个方向。构成DNA分子两条链的缠绕方向恰好就是逆时针。也许在其他星球上是顺时针方向。

在最终产物也即植物群体上，逆时针缠绕的普遍性吸引我开始了一场沿路布满缠绕和扭转的远途漫步——从微观世界到宇宙——直到我获得了另一个数据点。或者，也许是56个数据点。意想不到的是，我花园里的一种杂草极大地（尽管不是完全地）舒缓了我的心情。我为自己遇见这种杂草庆幸不已，以我的倾向，会试图找到第二种见解，或更准确地说，是另一个事实。

荞麦蔓（*Polygonum convolvulus*），是一种蔓延攀爬的杂草，生有叶片和藤蔓，相关的生长习性看上去跟牵牛花几乎相同。它们目前分属于两个不同的植物科：蓼科（Polygonaceae）和旋花科（Convolvulaceae）。

荞麦蔓的花是小巧且白色的,这种植物一点都不起眼。但是当我看见荞麦蔓覆盖在一株蓝莓灌木上并开始拔它下来时,我突然就意识到了它的潜能。

如同牵牛花,荞麦蔓的蔓藤向着各个方向沿直线生长,分布得到处都是。当藤蔓触碰到一株灌木或是草茎时,它便伸出卷须,缠绕着一路向上,展示着它的花朵。我那荞麦蔓样本的缠绕方式看起来跟牵牛花一模一样。我把两种植物放置在一起拍摄照片,以显示它们相同的植物策略。然而,当我把荞麦蔓的蔓藤从它已经攀爬之上的一枝黄花的茎上解开时,我需要沿逆时针方向转动它。它之前是顺时针缠绕的!我瞧了又瞧,再瞧一下。然后,我拉起我能找到的每一条荞麦蔓,确切地说,有56条。每一条都是顺时针方向缠绕的。为了确信我此前没有弄错,我再次查看了牵牛花和菜豆,还带回来了一些,在我的书桌上并排铺开,比较它们。毫无疑问,缠绕方向存在差异。

我真的心存感激,这小小的杂草使我免于陷入可能的巨大谬见。尽管如此,分属于四个植物科的236株个体在缠绕方向这个细微之处上如此一致,这个疑问引人生发兴趣,尽管它们是如何达成于此依然不得而知。

尾声

在写这篇文章时,我意识到一些假设必须要阐明以免造成混淆。关于手性(chirality)的要点没什么可混淆,即一个不对称的物体能够以两种形式扭转,这两种形式就好像是我们的左手和右手,不能作为完全相同的、可重叠的摹本。我们不会在自己的右手和左手之间感到困惑,也不会将表盘上的顺时针和逆时针方向搞混,仅仅是因为那些假设:我们着眼于什么,以及我们从哪个角度观看。我们全都假设我们观看自己的手时以自身身体为参照物;也假设我们观看着钟表的正面,指针的移动是从12点开始移向我们的右边,而非从6点开始移向我们的左边。但是,我们以何角度来观看DNA分子、氨基酸分子、藤本植物,或是太空中星系的旋向呢?

人们使用描述性术语"右旋的"对"左旋的"以及"顺时针"对"逆时针",通常是借助于某个想象中的观看者视角。我们想到顺时针,自然而然地就是指当我们俯视钟面时,钟表指针向右移动。但是,藤本植物围着杆子缠绕,其方向不仅仅是横向的,也是纵向的。如果我们顺着它沿杆爬上的视角看,藤本植物是在朝着一个方向缠绕;但是,如果我们反过来冲着根系的方向,向下追踪同样的缠绕,此时它的朝向就变成与刚才相反了,或者说是逆时针旋转。

生命体那螺旋形的DNA分子确实都有着同样的缠绕方向,指定为顺时针或右手性;但是DNA在生成时,它沿着同一个方向生长,当双链打开时(就像RNA的合成),它们向相反方向扭转。哪个才是"顺时针"呢? 是缠绕起来的方向,还是链解开时的方向? 同样的情况,氨基酸是蛋白质的建构单元,存在形态和我们的左右手很相似:相对于分子其余部分,"拇指"(一个特殊的结构,叫作羧基)斜向一个方向或另一个方向。它们被分为L型和D型氨基酸。L代表"levo"(左旋的),而D代表"dextro"(右旋的)。然而,它们之间这个区别与我们指定一个螺丝钉旋向的方式没什么根本性不同:我们称呼一个旋向是右旋(D)还是左旋(L)取决于我们怎样观看这个旋向——我们跟随螺旋朝着我们的方向,还是远离我们的方向。我相信,螺丝钉被**视为**顺时针转向的。按照惯例,如今我们制造的所有螺丝都是向着相同方向拧紧的。类似地,由于如今地球上存活的生命体都发育自同样的起源,DNA和氨基酸分子的手性,以及藤本植物的旋向也都是有历史基础的。因此,从分子到生命有机体,都可以预期一种相关性,然而,我们称呼它向右抑或向左,都不是一个关乎对与错的问题。

给蛋着色的鸟儿

曾以《为什么知更鸟的蛋是蓝色的?》为题发表
《奥杜邦》,1986年7月

鸟窝由松散的枝条搭成,内衬小细枝,里面有4枚猩红丽唐纳雀的蛋。蛋是天蓝色的,较粗的那一端生了一圈浅棕色的斑点。东绿霸鹟的4枚蛋呈浅奶油色,较粗的那一端生有一圈深红褐色及淡紫色的斑点。在那只正圆形、以灰绿色地衣装饰的鸟窝里,这些颜色非常醒目。啄木鸟和翠鸟的蛋分别生在凿出的树洞和沙滩里,蛋是半透明的白色,没有任何斑点。为什么其他鸟蛋就有着变化无穷的颜色呢,在白色、水蓝色、蓝色或是米黄色的背景上饰有点、斑块、曲线,以及少许无法抹除的黑色、琥珀色、浅军绿、砖红色、杏黄色、紫色和棕色的油漆状痕迹。这些不同的颜色或缺少这些颜色都是进化的产物。是什么选择压力造就了它们呢?

鸟蛋上印记和颜色的结合看上去很像是发了疯的创意。为什么一枚鸟蛋蛋壳上的颜色对鸟而言那么重要? 究竟为何要有一些颜色呢? 添加颜色一定是有些原因的,又或者,为蛋壳着色的专门的腺体没有得到进化。所以为什么知更鸟的蛋是蓝色的,啄木鸟的蛋是白色的,而潜鸟的蛋是深橄榄绿色呢?

　　由输卵管内壁分泌出的色素在鸟蛋上留下了痕迹。鸟蛋直到要生下来之前都始终未被上色；当它经过子宫时，鸟蛋的压力作用会将子宫腺分泌的色素挤压到蛋壳上面，同时鸟蛋的移动会产生颜色图案。这就好像是无数的画笔保持不动，而画布在移动。如果鸟蛋保持静止，会产生点状图案；如果腺体持续分泌时鸟蛋移动，就会产生线条和胡乱涂鸦。

　　鸟蛋的颜色受遗传控制，并且有很大的遗传可塑性。有一些品种的家养鸡已经培育出来了，下的鸡蛋有蓝色，绿色，橄榄色，以及更为人熟悉的白色和棕色。

　　达尔文有着广泛的兴趣，毫不奇怪，他也思考过鸟蛋着色的适应性意义。鉴于在洞穴内筑巢的鸟类通常没有给蛋着色，例如啄木鸟、鹦鹉、翠鸟、热带巨嘴鸟和指蜜鸟，他推测居于开放巢穴的鸟类在鸟蛋上着色，起到了一个防晒霜保护胚胎的作用。但是，那不能解释鸟蛋艺术效果的多样性。英国鸟类学家拉克（David Lack）则相信，穴居鸟类的鸟蛋呈白色，使得鸟儿在黑暗中也看清楚自己的蛋。然而，即使在黑暗中看清自己的鸟蛋（我对此持怀疑态度）对鸟类来说是有利的，我们**仍然**要对所发现的颜色和样式的巨大差异给出解释，尤其是那些非穴居的鸟类。为什么没有一种"防晒霜"是最好的呢？如果有，为什么不是所有的鸟蛋都使用它？而且，为什么一些穴居鸟的蛋生有斑点呢？

· · ·

　　实验证实，一些鸟蛋的颜色可以助其躲过捕食者的视线。在一个著名的实验里，那位有声望的荷兰鸟类学家廷贝亨（Niko Tinbergen）在一个鸥鸟群体附近散布了两种相同数目的鸟蛋——红嘴鸥的天然生有土黄色斑点的鸟蛋和白色鸟蛋，并记录下小嘴乌鸦和黑脊鸥对这些未受保护的鸟蛋的捕食情况。自然着色的鸟蛋遭受到的捕食最少。

　　我们也许可以合理地设想鹬鸟、双领鸻和鸥的鸟蛋颜色是适应于伪装,该特性在依靠视觉定位鸟蛋的捕食者的选择压力下得以进化。但是,为什么其他在地面筑巢的鸟类——主要是鸭和许多种松鸡——却生有浅色、没标识的蛋呢?无法想象这些蛋具有伪装功能。也许部分答案就在于,这些鸟中的大多数将它们的巢藏在浓密的植被里。并且,孵蛋雌性的身体就是一张有伪装作用的毯子。兴许这些就是普遍中的例外。

到目前为止都还说得通。但是有一个小问题。鸭和松鸡这样的鸟类通常每窝可产超过12枚的蛋。如果当头几枚蛋产下,雌鸟为了隐藏它们就立即开始蹲坐在上面,那么,小鸟至多两周就会孵化出来。让这些蛋同时孵化是有必要的,为了实现这一目标,雌鸟就必须要先远离鸟蛋,直到最后一枚蛋产下。那么,如何保护这些蛋远离捕食者呢?一只雌性宠物绿头鸭给了我一些提示。它将树叶弄碎,堆积在靠近前面窗户的那片矮树丛底下,以此搭建了一个窝。它被喂养得很好,下了许多批奶油般的、淡绿色的蛋。但是,我从没直接见过这些蛋。每个早晨,当它下过蛋离开之前都要用它的喙将巢穴周围的树叶拖过来,完全地盖住那些蛋。比起蛋上的斑点或是它自己的身体,树叶是再好不过的伪装物了。我不知道是否所有的鸭和松鸡都会以类似的方式掩盖它们的蛋,但是它们的巢穴通常是洼地,上覆的稀疏植被可以作为掩护物。然而,并不是所有在地面筑巢的鸟类都会生出没有伪装的鸟蛋。例如,柳雷鸟和岩雷鸟的蛋就会长出许多斑点和微黑色的大理石纹路。

许多筑巢的鸟没有松软的材料来遮盖鸟蛋,和穴居的鸟类一样,它们也生有纯白色的鸟蛋。这些鸟包括蜂鸟、家鸽和小野鸽。然而,这些鸟每一批只下两枚蛋,并且第一枚蛋下了就立即开始孵蛋,因此,它们的蛋通常不会裸露在外。

穴居鸟类和那些每批产蛋数量很少的鸟类,它们的鸟蛋都没有颜色和标记,对此最好的解释可能仅仅就是没必要有颜色,所以也没有鸟类向此方向进化。不过，正如已经提及的，也有在洞穴中居住的鸟类确实产下有斑点的蛋。然而，所有**这些**鸟在洞里面筑巢。(真正穴居的鸟，例如啄木鸟开凿它们自己的洞，产下白色的蛋，洞里没有添加任何筑巢的材料。)因此，我怀疑这些斑点是进化包袱(evolutionary baggage)。它们告诉我们，这些鸟以前曾在露天环境下居住，后来转变成穴居，而它们还保留着筑巢的习惯(以及为它们的鸟蛋着色)，因为没有强大的选择压力使改变发生。

着色和做标记有伪装的功能，然而，鸟蛋颜色的多样性还需要进一步的解释。一些鸟蛋的标识作用是使它们像红旗一样突出显眼。在大西洋和太平洋沿海地区以及欧洲，有居住在岩礁和海崖上的海鸦，它们成百上千地聚集在一起。一些集群在悬崖上居住的海鸦种(还有已经灭绝的大海雀)生成的鸟蛋在颜色和标识方面有无数种变化。鸟蛋的底色从奶油色到白色、淡红色、暖赭色、浅蓝色，甚至深绿蓝色。相应的，在底色上的标记可能是斑块、点或复杂交错的线条，有黄褐色、亮红色、深棕色或是黑色。一些个体的鸟蛋没有标记。(当一只海鸦丢失一枚鸟蛋——那是它一窝蛋的全部——它会再下一枚蛋，并且这枚蛋和第一枚颜色是同样的。)相反，近缘物种小海雀有不同的种居住在石窟或岩石裂缝里，它们的鸟蛋就很少或几乎没有标记。作为海鸦鸟蛋颜色特性的一个类比，我想到了沿着缅因州海岸线那些捕虾篓的标记，在港口和水湾里点缀着数千只漂浮着的捕龙虾器。有绿色的浮漂、红色的浮漂、白色的浮漂、红白条纹的浮漂等等。大量的捕龙虾器和缺少特征的开放水环境使得捕龙虾的渔民无法凭借记住它们精确的地点来找到他或她自己的捕龙虾器。因此，每位渔民都使用一个不同的颜色样式装扮浮漂，好能快速地定位并识别出他们自己的那只捕龙虾器。

在20世纪初收集鸟蛋的辉煌时代，里德(Chester A. Reed)是最早的"鸟蛋学家"之一，他这样评价海鸦："在暗礁上，海鸦的鸟蛋尽量下得很紧密,在那里孵蛋的海鸦蹲坐得笔直,排成长队,好像一个军队在站岗。既然每只海鸦回到巢穴后都成功地找到了一枚蛋覆盖其上,很令人怀疑是否这些鸟知道、或关心那枚蛋是不是它自己的。"幸亏有一些大约25年前由瑞士伯尔尼大学动物学研究所的钱茨(Beat Tschantz)所做的实验,我们知道了里德是错误的。海鸦不会孵化彼此的鸟蛋,就像缅因州捕龙虾的渔民不会去照管彼此的捕龙虾器。这两者都是使用颜色和标记来识别他们的所有物,正如钱茨将巢穴中的鸟蛋调换后所显示的,他发现如果一枚有不同颜色或标记的蛋替代了海鸦自己的蛋,这枚不同样式的蛋就会被丢弃;但是另一枚有着相似样式的蛋就会被接受。尽管如此,鸟类对它们自己的蛋没有先天的识别能力。例如,如果在海鸦蛋上用白色渣滓逐渐增添标识,这只海鸦就会习得新的颜色样式,并拒绝它自己最初产下的那种样式的蛋。海鸦对鸟蛋的识别力和一些鸟类的行为形成了强烈的对比,例如银鸥几乎会接受任何颜色的任何东西,即使都不太像一枚鸟蛋了,大抵是因为它们那特别安置的巢穴有着恰当的朝向助其返回,不会找不到它们自己的鸟蛋。在其他一些鸟类身上,凭借颜色样式来辨认自己的鸟蛋已经得到了进化,但却是在一套完全不同的自然选择压力之下:需要探测并摧毁寄生鸟类的鸟蛋。

如果雌性海鸦能辨别出它们自己颜色独特的鸟蛋,海鸦的繁殖成功率就会提高。相对而言,在巢寄生的选择压力下,如果一只鸟能够识别出在它自己那窝蛋里其他鸟的鸟蛋,可以作出区分并将它们丢弃,它的繁殖成功率就得到了提升。寄生的可能性对寄主鸟产生了选择压力,使它们去探测颜色奇怪的鸟蛋,反过来导致了一场进化的军备竞赛,因为它给寄生鸟类施加了压力,使其进化出和它的寄主相像的鸟蛋。

欧洲大杜鹃和它的寄主可能已经进化出最复杂的彼此相似的蛋的颜色。欧洲大杜鹃从来不建自己的巢。在多种深受其害的鸟类中有鹡鸽鸟,它们产下白色的蛋,密布着灰色斑点;有燕雀,它们淡蓝的蛋有大量的微红色斑点;还有欧洲红尾鸲,生有蓝色无斑点的鸟蛋。在这些鸟巢里发现的欧洲大杜鹃的蛋通常跟它们寄主的蛋非常相似。模仿的精准性有时是如此之高,即使靠人眼在寄主鸟的蛋中辨认出寄生鸟的蛋都有难度。

这种在颜色上的一致性是如何得以发生的,长期以来是一个谜,可以肯定的是,杜鹃是不会给自己的蛋涂颜料来模仿它预期中的受骗者的。然而,真正的答案几乎是不同寻常的:在一定的区域内,杜鹃由生殖上隔离的亚群组成,被称为氏族,氏族的雌性杜鹃会限定它们针对特定的寄主寄生。一般会认为氏族是由地理隔离产生的,尽管在目前,两个或更多的氏族可能会占领同一个区域。某一特定的雌杜鹃总是生出同样颜色的鸟蛋,而且几乎总是将它们放在同样的寄主物种那里。它们凭借何种机理实现之,依然不为人知。然而,把蛋产在某些鸟类巢穴里的这种行为以及产下和对方物种相同鸟蛋的生理机制是可以遗传的。它们已经演变成了**雌性**染色体伴性遗传。从本质上说,杜鹃种群有7个不同"种类"的雌性,它们外表相似,但是行为各异,给鸟蛋着色也不同。并不是说在所有被寄生的物种中,雌性都很谨慎地拒绝和自己鸟蛋不一样的杜鹃鸟蛋。作用于此种行为上的选择压力始终是巨大的,因为杜鹃的体形相对其寄主较大,因此它们的雏鸟要被抚养到成年,就需要侵占替代父母全部的觅食成果。结果便是,这些杜鹃雏鸟总是将其他鸟蛋从它们所置身的鸟巢里推出去。

在那些被杜鹃过多寄生的欧洲雀形目鸟类身上,始终有潜在的自然选择压力来打破寄生关系。寄主发展出了一种强大的对鸟蛋颜色编码的注意力,离弃有杜鹃鸟蛋的巢穴,或是将杜鹃鸟蛋扔出去。这就在杜鹃身上施加了更强的压力,以产生更加好的鸟蛋模拟效果。

在北美洲,寄生现象依然很严重,但是主要的寄生鸣禽褐头牛鹂迄今还没有进化出鸟蛋颜色模拟。然而,褐头牛鹂是极其成功的寄生鸟类。它是我们最常见的本土生雀形目鸟类中的一种,并且它也是分布最为广泛的一种。根据弗里德曼(Herbert Friedmann),一位长期研究鸟类巢寄生现象的学者,褐头牛鹂寄生超过350种及亚种的鸟类。一些物种损失惨重。在一些地区,将近78%的北美歌雀的鸟巢已经遭到了这个寄生鸟类的侵害。然而,褐头牛鹂也偶尔在这些不像是潜在寄主的窝里下蛋,例如斑点矶鹬和红冠戴菊鸟,还有在许多其他的鸟巢,在那里褐头牛鹂的蛋经常被损毁或驱逐。简而言之,它浪费了很多的鸟蛋。褐头牛鹂偏爱开放性的栖息环境,仅仅在过去两三个世纪就已经从美国中西部的低草草原扩散至东部。

图5.2 珠颈翎鹑和斑唧鹀在同一个鸟巢里下蛋(绘自一张照片)。

在鸟蛋进化的军备竞赛中,褐头牛鹂潜在的受害者中仅有部分已经进化出适合的抵制鸟蛋的反应。任职于加利福尼亚大学圣巴巴拉分校的罗思坦(Stephen I. Rothstein)确定了此结论,他的办法是制作石膏复活节蛋并给它们涂上颜色来模拟褐头牛鹂的鸟蛋。他将这些蛋放在

43种鸟一共640个鸟巢里,发现2/3的雀形目鸟类接受这些寄生者的蛋,而只有1/4一直抵制这些鸟蛋。一些鸟类,例如红翅黑鹂、北美黄林莺、霸鹟和家燕,始终会同时接受假的和真的寄生鸟类的蛋,然而其他的鸟类,例如猫鹊、知更鸟和极乐鸟,始终都会抵制寄生鸟类的蛋。既然鸟类是始终如一的"接受者"或"抵制者",罗思坦推测一旦抵制行为被遗传编码,鉴于该行为有着极大的优势,因此就会快速地传播并被固定下来。

考虑到褐头牛鹂作为一个物种,它几乎是无区别地在寄主鸟的巢里寄生,那么事情就会是随机的:在任何一次寄生中,它们要么是浪费了它们的生育努力和资源,要么就是使之增强。然而,褐头牛鹂也许会关注雏鸟的存活状况,它们返回巢穴查看寄生是否成功。这允许它们学习区分安插鸟蛋失败和成功的鸟巢。考虑到持续的协同进化,可以预期的是,巢寄生的鸟类会将其选择的范围缩小至某个它经历了最良好繁殖收益的物种。反过来,那个物种将要经历强大的选择压力去鉴别出可接受的鸟蛋,这就会导致更加相似的鸟蛋模仿。对褐头牛鹂而言,它不仅要使鸟蛋在地面树叶和石子的环境中伪装,也要能混进其他鸟蛋里。

在寄生鸟类和潜在寄主关系的初期,鸟蛋颜色一致也许不是确保寄生成功的必要条件。然而,就欧洲大杜鹃而言,最终相似度变得重要了。这依然存有疑问,如果寄生鸟和寄主鸟的鸟蛋完全一样,抵制行为是否还会发生——最初是碰巧发生,最终由进化导致。确实,北美歌雀和褐头牛鹂有着体积相似、密布棕色斑点的蛋,并且北美哥雀极少抵制褐头牛鹂的鸟蛋。而另一方面,知更鸟和猫鹊产下无斑点的蓝色蛋,它们几乎总是抵制褐头牛鹂的鸟蛋。对比之,霸鹟产的是纯白色鸟蛋,它们欣然接受褐头牛鹂的蛋。但是在谷仓下某个壁架或横梁上筑巢的一只霸鹟究竟可曾注意过它自己鸟蛋的颜色呢?

既然抵御寄生一个关键的成分包括对鸟蛋的识别,我们预计对外来鸟蛋的检测方法也会进化。例如,如果一窝里所有的鸟蛋都是相似的,就更容易识别出一个陌生者的鸟蛋。这是否有助于解释如下事实呢?易受寄生的鸣禽同一窝蛋之间的颜色是一致的,而鹰、鹭和渡鸦极少被寄生,它们就担负得起在同一窝产下若干不同颜色的鸟蛋。

伦施(Bernhard Rensch)在德国对杜鹃鸟蛋的模仿进行研究,他想知道鸣禽是否会认出它们自己的蛋。在一项实验中,他将一个园林莺巢中的头三枚蛋换成了小白喉林莺的蛋。随后园林莺丢弃了它自己的第四枚蛋!伦施下结论说,抵制鸟蛋不是基于鸟对自己鸟蛋真正有识别能力,而是基于它与鸟巢中其他鸟蛋在外观上的不一致。现在罗思坦做了类似的实验,表明鸣禽也会记得它们自己鸟蛋的外观,它们变得对在自己巢里所见的第一枚鸟蛋铭记在心。有个实验清楚地展示了这一点,每日当猫鹊下了蛋,罗思坦就移走窝里所有的蛋,替换上褐头牛鹂的蛋。尽管通常情况下猫鹊都会抵制褐头牛鹂自己放进去的蛋,罗思坦的猫鹊却接受了一整窝褐头牛鹂的蛋。随后,一枚加进来混在褐头牛鹂蛋中的猫鹊蛋却被丢弃了。

最普遍的寄生之一可能是雌鸟将鸟蛋安置在同一物种其他个体的巢里,在那儿鸟蛋就会自动地混进去了。这些鸟蛋会相像得"完美无瑕",良好和合适的照顾就能得到保证——这就仿佛是有些家庭的孩子和别人家孩子看起来像是同卵双胞胎,他们就能将自家的孩子硬塞给那些有同龄孩子的家庭。

抚养同种其他个体的后代在鸟类中可能时有发生,尽管我们通常检测不到这个现象。我想到某一种在非洲集群生活的织巢鸟(Ploceus capitatus),它可以作为最好的例证之一。与大多数其他独自筑巢的种类形成对比,在这种织巢鸟的同一群体内,许多雌性个体产下的蛋都有着不同的颜色,好像它们是不同物种似的。某一个体可能会产下绿色的蛋,另一只是蓝色,还有一只是铁锈红,而再来一只则没有颜色。跟杜鹃一样,终其一生,该物种的每只雌性个体总是产下同样独特颜色的蛋。它们的巢紧挨着,使得雌性个体可能很容易监测它临近的鸟巢,适时地向里面产下一枚蛋。因此,无论是误打误撞还是其他,这种倾向行为会极具适应性,因为它会导致个体有更多的蛋被抚养,前提是转嫁鸟蛋给它者没有被发现以及奇怪的蛋没有被丢弃。

为了想象鸟蛋颜色多样化是如何在这种织巢鸟群体中进化的,假设一种变异使得一只雌性个体产下了绿色的鸟蛋,而其他个体全都生出白色的鸟蛋。在变异发生之前,携带该基因的雌性个体也许没有能力去识别在它鸟巢里寄生的蛋。但是,由于产下相对于左邻右舍颜色奇怪的鸟蛋,它可能就是这个群体中唯一一只可以**避免**被寄生的鸟(尽管它也无法去寄生)。这些鸟确实会利用鸟蛋颜色作为一个线索来拒绝同种其他个体的蛋。

不可能精确地说出为什么一枚知更鸟的蛋是蓝色的,或缘何一枚霸鹟的蛋是白色且有着深棕色和紫色斑点。然而,图案的多样化表明许多种自然选择压力在起作用。鸟蛋着色反映出在许多进化路径上为我们所见处于不同阶段的组织机制。这进而为我们的心灵和眼睛涂色,赋予鸟蛋额外的美感,那是任何人的笔触都不曾给予的。

鸟儿，蜜蜂和美丽：适应性审美

《博物学》,2017年3月

美丽涉及生物的许多关键和本能的方面,因此我们可以依照现状接受它,而无需给美丽下定义或考虑其演变。这个话题很古旧,可以轻易地以那些著名的例子来开启话题,例如孔雀的大尾巴、天堂鸟颜色鲜艳的羽毛,还有园丁鸟建造的那些优雅的建筑结构。

在1871年出版的《人类的由来和性选择》一书里,达尔文假设这些过度的雄性求偶炫耀行为由雌性择偶的选择压力产生。早在78年之前,即1793年,施普伦格尔在他的著作《从花朵结构和授粉中发现的自然奥秘》中总结道:花朵的颜色、气味和形状并不是为吸引我们的眼球而存在,而是为了将蜜蜂吸引到它们这儿来,帮助它们受精。施普伦格尔那惊人的发现鲜为人知,主要是因为他同时代的著名作家、思想家兼诗人歌德毫不留情地嘲笑这个授粉的想法(蜜蜂为了从花朵获益而劳作,花朵以花蜜回报蜜蜂)近似于将愚蠢的人类理性强加于大自然之上。

直到适者生存的进化理论被提出或至少是已经发表,并且可区分近因和远因之后,施普伦格尔的想法才合乎人类的理性。然而,即使是达尔文在他"适者生存"最初的论文中也没有很明确地找到原因,用以解释为什么孔雀那长且笨重的尾巴能够使动物的适应性更强。那时,相反的解释却似乎更正确——长且笨重的尾巴给持有者添加负担,带来了巨大的成本。

将适合度收益归因于一个潜在的巨大成本有点说不通,尤其当选择压力来自**任意**挑选,按此理解,任意挑选也可以是无成本的或更好的,甚至是具有适应性的。雌性孔雀难道不应该进化得更偏爱有着小且轻的尾巴——提高灵活度和飞行效率,能更好地躲避捕食者——的雄性吗?这样它们的后代就会继承到同样的好处,而不是一个负担。雌性基于那些实为不利条件之特征的美学吸引而作出选择,这不能成为近因。这个问题似乎在挑战适者生存理论的核心,为了解决之,达尔文为美学吸引另辟蹊径。他发明了一个独立的范畴,称之为"性选择"。他借此将它单独挑出来,与他及华莱士(Alfred Russel Wallace)构想的"自然选择"范畴区分开。然而,性选择和生境选择、食物选择、栖息地选择或是对任何其他能提高存活率和繁殖的事物之选择同样是"自然的"。所有这些都是基于偏好和挑选。所有的选择都是"自然的",无论它关乎逃跑、打架、交配、筑巢、迁徙或是取食。

基于美学的自然选择结果可能经常显得中立,或者甚至是反适应性的,但那可能仅仅是因为采取了**近因的解释**,没有将最终收益纳入考虑。我们再思考一下孔雀那巨大的尾巴,还有春天里山鹬那充满活力的空中之舞。它们无疑是花费能量的,并且会吸引捕食者的注意。然而,为了促使它们的基因进入下一代,在这些特征上的投资是这些雄性必须要付出的代价。选择具有这些特征之配偶的雌性会产下同样具有这些求偶偏好和特征的后代。尽管这种选择提高了一些参与者的死亡率,并降低了大多数个体的繁殖率,相应地,它却极大地增加了少数具有该特征的雄性个体生育的后代数量。适合度总是仅仅涉及那些成功者,而不是那些在基因突变中的失败者;并且在这个例子中,选择发生的相关环境是雄性面临着来自其他个体的择偶竞争。因此,这个可能会杀死许多雄性的特征是一个适合度遗传标记,雌性会选择它,致使最大限度地传递它们的基因(为了**它们**的遗传适合度,雄性也必须获得此特征)。为了做到这一点,它们由它们的美学选择指引着,就像是鸟类选择将哪种颜色的鸟蛋逐出它们那窝蛋,或是它们选择哪个生境,或是它们要吃哪种颜色的浆果一样。

此问题关注的并不是某个美学信号是否会改变**物种**的适合度,而是某个美学信号是否预示了有此美学特征的**个体**的适合度。然而,一个更深刻的问题是,一个由许多个体组成的种群是如何在**某个**非常特定又似乎很任意、却对所有个体都具有吸引力的模式上达成一致或趋同的。第一眼看上去,这个普遍发生的过程似乎很不寻常。选择正确的浆果或生境,和对某种偏好的需求一样,都似乎明显是源自学习或是内在的美学挑选。选择正确的配偶至少是同样重要的。识别出最佳配偶由美学偏好驱动着,就如识别出合适的食物和适宜的生境一样。趋异是一个重要的机制,可减少竞争。此处我假定,在彼此相像的姐妹种之间趋异是极其关键的,会对物种形成*有影响。择偶偏好已经极大地、惯例地分化了,因为那些识别出现错误的个体会在基因库里留下更少的基因。没有什么是任意的。

在有些此前彼此隔离的物种再次连接起来的区域里,择偶信号中**明显**任意的部分在此生态学情景里消失了。差异随后就变成了适应性。正如在对生境偏好的进化中,生境偏好趋异减少了竞争,性信号趋异也暗示着选择占领发出不同信号的小生境。趋异是了解美学倾向为何、以及其具有适应性之原因的一条线索。细想一下众所周知的两种近缘的马科动物:驴和马。一匹母马可以和一头公驴交配,然而它们的后代——骡子是不育的。依照适应性进化的说法,当一匹母马某次交

---

* 由于自然选择的作用,物种的遗传结构变化而形成新种的过程。——译者

配可能产下的后代永远都不会将它的基因传递下去时,它就不应该跟一个近缘物种浪费它的这次交配机会(这可不是双关语哦)。杂交配种对一夫一妻制的物种或生命周期短的物种破坏性尤其强,例如鸟类,它们终其一生可能只繁殖一次或几次。

想要在一个有着变异外观——在隔离的种群中自然发生——的物种中成为一名成功的繁殖者,一个动物必须能够在纷杂的许多潜在信号中检测出界定物种的信号。身为一名经验不足的业余鸟类学家,我研究了在柏林自然博物馆里的鸟类标本,那些是我父亲20世纪30年代在西里伯斯岛(现在名为苏拉威西岛)收集的鸟类标本,我在至少有一个物种的鸫鸟——大短翅鸫(*Heinrichia calligyna*)身上发现了明显的差异,该差异已经由施特雷泽曼,一位在当时杰出的鸟类学家描述过了。来自不同山之间的鸟儿在体积和颜色上可表现出明显的不同,但我无法确定它们是否是相同的物种。即使是受过训练的分类学家做此事也会有困难,施特雷泽曼明显没有将它们区分为不同的物种,但是我并不了解其方法和理由。然而,我假定这些鸟会有其择偶标准,而且它们基于美学敏锐度的择偶观会传递给它们的后代,后代在择偶喜好上继续进化,并不是基于相近物种共有的特征,而是基于它们彼此曾经如何不同、以及在未来如何继续更加地不同*。

我们将熊蜂看作植物的拟生殖器官。与其他植物物种在同时同地开花的物种,只有将它的花朵信号和其邻居的花朵信号区别开来,才会引导授粉者对它的花朵保持忠诚。假设竞争植物有红色的花朵作为一个自然的平台。如果蜜蜂将这两个植物物种的花视为相同的,植物就会被无差别地"交配"。两个临近物种的花彼此差异越大,蜜蜂就越可能对花朵忠诚,因此越多地造访植物,提高授精结种的机会,产出后

---

* 30年前在缅因州,我在野外作业研究熊蜂的觅食行为时产生了这个想法。

代。的确,这种信号完全是任意的,但也只是在没有竞争的情况下,然而竞争从来都是存在的。

　　植物的生殖生物学与鸟类、昆虫和其他动物的生殖生物学非常类似,对比研究可以启发我们对植物生物学的了解。起到美学吸引力装饰功能的花朵从树叶进化而来。例如,在缅因州我小木屋旁边那些密林周围,草茱萸(*Cornus canadensis*)和桤叶荚蒾(*Viburnum lantanoides*)的一些花瓣,在它们伸展开变成白色并引起注意之前,一开始是呈浅绿色的拟叶片。它们以花序排列,外层的花朵起到观赏作用,缺少子房。无论是单朵花还是整个花序,在执行美学吸引功能的花中也生有路标、小径和护栏的结构,可作为实体导引将授粉者带到它们的繁殖器官去;美学和实用功能合二为一。

　　对于栖息地靠近的两个近缘鸟类物种,同样的选择规律也适用于此。关键问题在于释放信号吸引注意力,维持对那个信号的忠诚度,以及使得那个信号凭借一个差异——最好是一个巨大的差异——在竞争信号中脱颖而出,来提高或增强忠诚度。在鸟类中,求偶的特征可以同时是视觉的和听觉的;在啮齿类、狗和昆虫中,这些特征可以与气味相关。美丽的审美符号会基于适合度及时地由自然选择进行分化。如果美学不起作用,例如在许多昆虫(还有一些鸭和灵长目动物)中,很明显地,外生殖器形态上的差异会阻止或妨碍不同物种间交配,即使它们进行了尝试。

　　依靠动物传粉的植物有许多子房,每一个子房都装饰有特殊的诱惑物。这些有吸引功能的诱惑物通常在受精后几天或数小时之内就干瘪脱落了。在已经完成受精的子房上保留用于审美的装饰会减少对那些尚未受精的花朵的访问。也就是说,保持它们是需要成本的。类似地,鸟类的性诱惑物也要付出吸引捕食者的成本。但和植物不同,鸟类负担不起在短时间内脱落它们的性装饰物,因为这些特征要花很长时间来产出,较为昂贵,且还有一些其他的功能。然而,鸟类倒是可以保存它们美学装饰物那显眼夸耀的特质,留待**特殊的**场合或时段以用。

人类也许是有能力在美学上作出快速改变的最佳实例了,并且同样具有择偶目的。我们在性偏好(例如体形)上有基本信号,它们可能直接地源自实用主义的个体适合度——就如绿叶变花朵的情况。然而,就像花朵的形状,如今颜色是任意的,没有给予任何生存优势。

一些特别的歌曲和舞蹈,伴随着它们为适合度而进化来的身体素质的增强,起源自对美丽有区分的美学感知。但是有一个要点需要指出:变化会发生。适合度也许不过就是"16岁时油嘴滑舌"的能力,就像我的某位教授说的那样。然而,考虑到跨越时间和文化而改变着的流行样式:体形、打扮的风尚、化妆品、香水、身体装饰物、身体艺术、服饰。也许类似地,雄性座头鲸凭借它们那神秘且难忘的歌声来宣传自己。在听力范围内的所有个体都唱着同样复杂的歌;然而年复一年,这些歌声会改变,随后所有的座头鲸都采纳新的歌声。这个模式表明了对新奇事物发自内心的热爱,或说是好奇特性,这是一种对新奇的审美,渡鸦幼鸟正表现出此种特性,这也是一种适应性,有助于找到新的食物。由于这样的审美,渡鸦可以、也确实是所有动物中生境范围最广阔的,和我们的分布范围相同。

在性选择中,美学必然是传统且高度特化的。具有吸引力之事物也正是依照习惯之事物,并限定了一个准则。然而,它最终可能会改变,因为当**所有一切**都十分相似,独特的或创新的事物就开始脱颖而出,它们**添加了一点赢得关注的东西**。它就是在一列队伍中被看到、听到和注意到的事物。而且一旦被选中,它就会传递下去(文化方面的例子参见人类和鲸)。它变得具有适应性,可能会继续进化。然而,尽管人类属于灵长目,我估计我们的求偶行为是不会进化得囊括好似雄性山魈(*Mandrillus sphinx*)般那鲜红和亮蓝色的脸,或是雄性黑脸绿猴

（*Chlorocebus aethiops*）那如知更鸟蛋般蓝色的外生殖器。我们不独特，但是我们有我们自己的、通常看似奇怪的审美选择，关于食物、栖居地、配偶和艺术。

在森林中的顿悟[*]

《野外记录》,佛蒙特大学野外博物学家和生态规划研究生项目出版物,2017

2017年2月。拂晓时分,一只美洲山雀在鸣唱,一只毛茸茸的啄木鸟发出敲打的声音,红色的东方地平线转而变黄。披头士乐队这样唱道:"太阳出来了……这寂寞的寒冬太漫长了……"

在过去的数月里,几乎没有光照。稀缺性可以是件好事,因为它会引发我们对那些可能认为是理所应当之事物的关注。稀缺性强迫我们去注意我们所缺失的。眼下我确实有所觉察,并意识到了阳光的重要性。整个冬季,大多数早上我都摸着黑起床,焦急地等待着地平线上的那缕光辉。与此同时,我不得不将就着小木屋地板上那只木质炉子发出的微弱、摇曳着的光线。

阳光是特定波段的电磁波,并且它仅有部分为我们所见。我们看不见紫外线,也看不见木质炉子发出的热辐射,它们却依然实时地存在着。炉子发出的光线来自前一年存储的阳光。昨晚我用来阅读的光是此前一天由一盏20美金的Luci充气式太阳能灯上那块7厘米乘以7厘

---

* 本文的题目为 Seeing the Light in the Forest,此处 light 有双关含义,既指文中谈及的日光,同时 see the light 本身也有"顿悟"之意,指的是文末作者对森林生态平衡的思考。——译者

米的光伏晶片捕获的。太阳能灯是一项科技奇迹,通过推动一个小小的按钮就能捕获和释放光能。这盏灯的光能供给是前天下午捕获的,它最初由太阳出发穿越太空,用时8分20秒。光能来自在太阳内氢原子碰撞产生氦原子的核聚变反应。

我周围的树木日常演绎着Luci太阳能灯创造的奇迹。树木将太阳光能存储在它们木材的分子键中,一直持续到树木死亡及腐烂后,或是通过在我们的炉子里燃烧来释放光能。但是这些光能是由叶绿素分子——一种生物学的光能捕捉器——来捕获的,通过化学反应固定空气中的二氧化碳,同时也释放出氧气。光合作用通过树木的分子结合来储存太阳核聚变产生的能量。

木材是地球上最令人惊奇的植物的一种适应性改变,它是一个脚手架,将捕获光能的叶片高高地举向空中。每一株树都在和做着同样事情的其他树竞争阳光。在我身旁炉子里燃烧的那片槭木来自我去年挑选的一棵槭树,这样可使得靠近它的许多其他树木良好生长。它由数十年前捕获的阳光和二氧化碳“制造”而成。

在冬季,以木材形式存储的阳光使人可以生活在我们这间远离喧嚣、自给自足的小木屋里。与此同时,油罐卡车每日沿着附近的公路上上下下地行驶,运送着“碳氢化合物货物”—— 它们来自存储的光能,早在这些槭树存在之前由植物叶绿素所捕获。现在,我们从地下开采出那些光和能量,同时突然之间,并且明显是无法挽回地,致力于将这些隐藏在地底数亿年的光和能量释放回大气中去。

地球上最古老的化石是那些光合作用生物。植物叶绿素使得这个神奇的作用得以发生,光合作用向我们的大气层释放氧气,使有氧生命的进化成为可能。如今,我们依然主要通过植物提供氧气,而森林植物也是主要的空气看护者。森林还有助于土壤生成,通过它们的根系网络,森林吸收并存储水分,否则水分就不会留存在陆地上。它们生成了大气层、气候和生境,为数百万物种提供家园和食物。这就难怪我们会本能地对砍树焚烧这个想法感到犹豫,并且,也许我们应该如此犹豫。然而,与此同时,关注森林中的其他组成部分也是非常重要的。

树是最显眼的,然而它们也不过只是森林的一个组成成分。显然,我们需要更多的树,在广阔的土地上皆伐和造林只是森林生态复杂性的较差替代物。但是,保留它们原本的状态也不是答案所在。

图5.3 混合物种组成了森林。此图是一株橡树和一株白桦树。

　　我们管理及培育森林,因为它们有直接且明显可感知的价值。我热爱森林,不仅仅是由于它们赋予阳光以形体。我还热爱纸张、梨子、苹果、橘子、榛子、木质框架以及木头制成的船只。我也关爱森林,关心森林里的树木和所有生活在其中、其上以及周围的一切生命。培育一片森林就意味着将树留置不动,以此来收获树木,包括长势最好的树木中最粗大的那株、稀有的那株以及最常见的树,并允许它们终其一生都留在原地。

　　问题并不在于我们开发利用树木。问题不是使用,而是滥用,表现为毁坏森林和只是单纯用树来取代森林。但是,如果滥用成为教条般绝对禁止的一个理由,那么人们可能也应该禁止饲养动物作为陪伴,或是生育孩子。每一件事都必然会有一个代价。重要的是平衡,而不是稳定。也许这就是顿悟了。

图书在版编目(CIP)数据

博物学家眼中的世界:海因里希自然观察笔记/(美)贝恩德·海因里希著;刘畅译.—上海:上海科技教育出版社,2020.11

(哲人石丛书.当代科普名著系列)

书名原文:A Naturalist at Large: The Best Essays of Bernd Heinrich

ISBN 978-7-5428-7354-5

Ⅰ.①博… Ⅱ.①贝… ②刘… Ⅲ.①自然科学—普及读物 Ⅳ.①N49

中国版本图书馆CIP数据核字(2020)第137361号

责任编辑　王怡昀
装帧设计　李梦雪

博物学家眼中的世界——海因里希自然观察笔记
贝恩德·海因里希　著
刘　畅　译

出版发行　上海科技教育出版社有限公司
　　　　　(上海市柳州路218号　邮政编码200235)

网　　址　www.sste.com　www.ewen.co
经　　销　各地新华书店
印　　刷　常熟文化印刷有限公司
开　　本　720×1000　1/16
印　　张　17.75
版　　次　2020年11月第1版
印　　次　2020年11月第1次印刷
书　　号　ISBN 978-7-5428-7354-5/N·1099
图　　字　09-2019-037号
定　　价　50.00元

哲人石丛书

当代科普名著系列　　当代科技名家传记系列
当代科学思潮系列　　科学史与科学文化系列

第一辑

第 二 辑

第 三 辑

第四辑

第五辑